天下雜誌
觀念領先

米其林服務心法 ×數位場景行銷 ×沉浸式體驗，
在線上線下持續創造價值的服務一點訣

剛剛好的款待

王一芝 等——著

目錄

第二部 服務生存指南

第三部 服務的新方法

第四部 為服務業職場加分的祕笈

各界好評

過去幾年一直有人問我要不要再寫有關服務的書呢？我總是回：「現在已經很少人在買書看書了，所以不再寫了。」

其實這只是理由之一而已，另一個理由是，離開服務業擔任教職已有相當的時間，除了自己日常的體驗及觀察外，已經缺乏實際的案例可以與讀者分享了。

一芝應該是我所認識雜誌業界中鑽研服務領域最資深、最認真，也最深入的媒體人。《剛剛好的款待》是一芝與一群優秀的記者彙集許多成功例子的一本好書。裡面的案例有個人成功的奮鬥哲學、也有公司克服疫情的創新；地域有台灣、有日本、還有美國；有最傳統人與人互動貼心的款待服務、也有數位科技的創新運用；有談訂閱制度、也有線上及實體店交互運作；有利用視覺設計增加營收、更厲害的是用演技及音調來加強服務的效果。

看似一本色彩繽紛 Buffet 般的書，但內容卻是章章論點有特色，絕不含糊；裡面的主角各個精彩，值得當做標竿典範。

感謝一芝與編輯團隊的努力，希望此書能讓台灣的企業更加重視軟實力去增強產品的特色；也可以激發年輕世代能知道如何善用款待服務精神，投入與客人直接互動的第一線上，讓自己在事業或生活上更有競爭力。

——台東均一實驗高中駐校董事 蘇國垚

本書透過國內外成功服務業個案舉例，不但再次印證服務業的核心是「洞察人心的服務」，更指引服務業品牌經營者，做好服務的具體實踐與創新途徑。

——大店長讀書會創辦人 尤子彥

第一部

導師級的服務心法

01

服務業十大難題應對攻略

大老師蘇國垚的解答

新冠疫情改變了消費者的生活型態，即使走向與病毒共存，對服務業來說，回不去的不只是以往的商業模式，就連與客人互動的方式、使用的工具、現場人員配置、服務流程環節，甚至是客人對服務的需求，都起了翻天覆地的變化。舉例來說，客人回饋不再只有填寫顧客意見調查表，更多消費者直接到 Google 地圖留星級評論；在餐廳為客人帶位、送餐的，也可能不再是服務人員，而是 AI 機器人。

改變，難免會有陣痛期。為了協助服務業撐過陣痛，《天下雜誌》在二〇二二年七月底成立的「服務一點訣Line社團」，特別邀請台灣服務業的大老師蘇國垚於九月底駐站，擔任三天的客座站長，為社團內五百多位服務從業人員提出的各種疑難雜症釋疑。（編按：截至二〇二二年底，社團人數已近千人）

在台灣服務業，很少有人不認識蘇國垚。二十七歲進入亞都麗緻飯店，不到十年就升總經理的他，曾是飯店教父嚴長壽唯一指定接班人，就在事業如日中天之際，蘇國垚決定遵循年輕時的決定，五十歲毅然轉身投入教職，幫助年輕學子築餐旅夢。也是在那之後二十年，台灣服務業擁有了這位大老師，除了平日在高雄餐旅大學授課，只要服務業有提升服務的需求，蘇國垚總是不遠千里、不計酬勞前往開課。

「蘇老師的演講內容，沒有一場相同，他總會隨身攜帶相機，拍下他看到好、壞服務，當作案例分享學習，」一位金融銀行人資主管觀察。也因此，不只能在台灣各大飯店聽到年輕人大喊「蘇老師」，身處服務業的人，幾乎都上過蘇國垚的服務課，受到他服務理念的啟發。

三天客座站長活動期間，來自全台各地、跨不同服務業的團友，向蘇老師提出的問題包羅萬象，從戴口罩如何展現熱情，到外帶小吃如何讓客人感受到細緻服務……

等，統統都有，而退休後改當公益樂活家的蘇老師，三天來也幾乎從早回覆到晚上睡前，還有團友不忍心蘇老師太累，要蘇老師先休息一下。「蘇老師的每一則回覆，不但對消費者充滿服務溫度，也周全考慮到從業人員的執行細膩度與心理感受，」團友Kate發自內心感激。

《天下雜誌》從蘇老師三天客座期間，與服務業團友之間的對話討論，精心挑選十則精彩的答客問，提供服務業面對疫後客人的新教戰守則。

問題一：客人在Google亂給一星負評，應該如何回應？

蘇老師答，顧客若是因為要折扣未得逞、公報私仇、同業陷害、惡意栽贓、無理取鬧，請大家達成共識，一律回「謝謝指教」。倘使大家遇到冤枉時，都學會與政客們一樣回「謝謝指教」，久了，明理的消費者就知道那些一星負評的真假了。努力經營，把認同的熟客照顧好，比天天擔心新客人不上門更重要、更實在。若真的是我們不對、服務不足、產品欠佳、氣氛不好、效率不足。你可以這樣做：

1. 先致歉；

2. 針對缺點一一提出改善的方法；

3. 感謝賜知；

4. 希望再來勉勵。

問題二：客人說自己是大明星的經紀人，擺明白吃不想付錢，該怎麼處理呢？

蘇老師答，這是做餐旅服務業最常見的騷擾問題，有兩種方法應對。總而言之，沒有必要讓招搖撞騙的人，到處佔便宜。

說法一：小犧牲，也不冒犯。

唉呀！我們都是她的粉絲耶，請您下次一定要帶她一起來，我們一定熱烈歡迎。這次特別為您準備了西米露（也可以是水果、小菜……）招待您，小店嘛，請見諒。

說法二：裝傻，不予理會。

您說的是那一位明星？喔，我們不太熟欸！才疏學淺，歹勢。

問題三：戴了口罩還要笑嗎？

蘇老師答，戴著口罩還是要笑，因為笑著說話，語調會變得比較悅耳，這也是為什麼很多客服人員面前都會擺一面鏡子，因為人們照鏡子時，大部分都會笑。同時可以加重其他的肢體語言，讓客人注意到我們殷情款待之意。例如：

1. 配合對話內容點頭示意。
2. 眼神接觸不可少。
3. 語調愉悅用詞有禮貌。
4. 少用語言癌，減少贅詞的干擾，例如：「做」一個什麼動作、「做」享用、「做」使用、「做」續杯；「……的部分」；「幫我」先從右邊做享用、「幫我」走到底向右轉。
5. 提高服務效率。
6. 多說正向的語句，例如：好、是、沒問題、馬上來。
7. 戴公司統一口罩保持整潔。

問題四：為什麼房客在住宿期間，碰到問題不願意立即反應，而是默默忍受到退房離開後，再到網路上吐苦水呢？

蘇老師答，可能有以下六種狀況：

1. 因為在他們住宿期間，沒有任何人問過他們！
2. 主管及員工在大廳、在餐廳、在排隊等候時，「都」不會主動跟客人聊天打招呼。
3. 客人向另一單位傾訴其他單位的缺失或建議，他們可能回答：「不會吧！沒有其他客人反應欸（否認），」或「我會轉告他們／我會告訴主管，」然後沒有下文（代表被吃案了）。
4. 若客人入住，只辦入住手續，同仁完成客人入住的程序，卻未進一步問：「有沒有需求什麼？」
5. 客人結帳時無人關心，「住得愉快嗎？」、「有任何建議嗎？」、「需要安排交通嗎？」，只是收鑰匙、刷卡，沒有主動問及客人感受或需求。
6. 當然也有可能有些人只是喜歡在網路上炫耀他的住宿獨特觀點及經驗，要討拍、取暖，那就沒輒了。

問題五：老闆只聽客人的，不聽員工的怎麼辦？

蘇老師答，老闆總是如此。台灣百分之八十至九十的老闆，都不太願意事前聽第一線員工的聲音，但客人、尤其是他的朋友反應，「改革」的效率超快、超急，且往往有欠深思熟慮，也不找同仁參與討論，冒然下決定，不久後又得改回原本的方法，誰叫他是老闆呢？解決方法有三種：

1. 不正面反駁，找出更好的方法伺機提案。
2. 找能說服老闆的主管協助說服。
3. 巧妙地由客人或老闆友人給建議。

問題六：客人每次來入住都想凹升等、送禮物，要不到就在社群留言、要主管回電給他，怎麼辦？

蘇老師答，台灣人被陸客稱為最美麗的風景，好客是優點，但民族缺點也不少。我的觀察有四點：忌妒、欺生、愛比較及貪小便宜。加上網路訊息泛濫，許多佔到便宜的人在 FB、IG 炫耀凹來的戰果升等、贈品等，促使「部分」消費者有樣學樣，厚著臉皮嘗試去爭取好處，而且認為是理所當然，進而需索無度。解決方法可參考：

1. 千萬不要誤解每位消費者都貪小便宜，否則很容易預設立場，會把自己與客人的關係變成諜對諜的狀態，甚至變成彼此對立。
2. 遇到如此要求，端看各公司的市場定位和經營理念是什麼？堅持不受威脅，一律不升等？抑或是看消費者的態度如何？兇不兇？
事實上，有捨才有得，要選對的客人，不合理的客人，就應該捨得放棄。否則會吵的小孩有糖吃，對其他正常的客人並不公平。
3. 主管應該支持第一線同仁，若一開始就不升等，主管出來處理也不應該升等，否則這些少數消費者就會處心積慮的「凹」，以獲得他想要的利益。
同理，請問可以用兩百五十萬去賓士買車，請車商升等到五百萬元等級的車款嗎？當然不行。
4. 可以設計一些無傷大雅的飲料券招待之。

問題七：客人想客製化餐點，事後又獲得非正向的回饋，該怎麼辦？

蘇老師答，一種米養百樣人，例如，早餐是很個人化的餐點，是每個人成長過程所形塑而成，從小跟著家人吃，求學跟著同學吃，出社會上班後也會因為經濟能力、營養觀念、用餐時間多寡、旅遊經驗、異文化的影響而有所不同，也有可能受網路風向影響。因此，你可以這樣做：

1. 善盡告知的義務，例如：調整後的餐點可能會失去原本風味。
2. 理解每個客人的差異。
3. 時間、能力、設備、成本皆允許的條件下，配合改變。
4. 結果不盡理想，過去了就放下、忘掉、不要一直掛在心頭，盡力就好。日後生意還是要做，日子還是要快樂過，去滿足多數的客人。
5. 早餐非常重要！除了美味餐點，記得還要附贈給客人元氣滿滿的祝福，讓他們開始美好的一天！

問題八：如何有效協助年輕員工明白「細緻服務客人的需求」，不但很重要，也與薪水直接相關？

蘇老師答，服務業薪水低是普遍的問題，真希望有一天能有所突破。帶領年輕世代，在現在的狀態下，唯有以身作則、身教帶領。看年輕員工的優點，多鼓勵、多關心，善用群體的影響力帶動。不容易，但永不氣餒！

問題九：意見調查表真的有意義嗎？

蘇老師答，據研究，只有百分之四的客人會填寫意見表，所以必須重視這些意見，因為它背後可能代表更多消費者的意見。你可以這麼做：

1. 真誠客製化地回信。
2. 了解真實狀況。
3. 快速處理。
4. 記載、彙整、分析、檢討、改善。

問題十：機器會取代服務人力嗎？

人和機器又該如何搭配，才能持續表現有溫度的服務？

蘇老師答，人工智慧將會取代許多重複性的基本工作，進而擔任簡易的服務互動項目。但有以下三點可持續觀察：

1. 電腦或互動機器人的程式都是人寫的，其服務好不好，端看輸入者的功力。
2. 服務業可能走向兩極化，「極自動化」和「極人性化」，因為還是有很多人不喜歡和機器人互動，故真人服務尚有相當的空間。
3. 最怕的是兩者都沒辦法做好的業者：服務變成機械化，因而機器人的服務勝過真人服務；捨不得投資在人員的教育訓練，又不願跟上時代採用好的人工智慧設備。

（選自天下雜誌 Web only．2022/09/28．文 蘇國垚、王一芝）

沒有奧客，
只有比較難處理的客人。

——服務業大老師 蘇國垚

02

米其林外場的服務訣竅

剛剛好的親切、同理客人需求、不斷精進自己

料理，是一家餐廳的靈魂，只不過再好吃的佳餚，也會被外場人員不到位的服務，和不小心的失誤打了折扣。台灣第一個抱走米其林服務大獎的餐廳外場，是擁有國際侍酒師和品油師雙認證的台中鹽之華外場經理余佩凌（Pauline）。

看起來個頭嬌小，卻活力十足的余佩凌，本來就是三年來與米其林聯繫的鹽之華代表，為了保持神祕，米其林刻意不讓她知道獲獎消息，只是再三確認，頒獎典禮當天她將陪同主廚黎俞君北上摘星。「一開始唸到我名字，我還忘記自己叫余佩凌，」

愣坐在原地不敢相信的她，驚嚇到尖叫一聲，才走上台領獎。而她那一段眼眶泛淚的致詞，也成為台灣第五年米其林頒獎典禮上最動人的篇章。

熟悉鹽之華的媒體或常客，幾乎一致認定余佩凌的服務實至名歸。「這一刻我真心服氣米其林，確實用心觀察，獎真的給對人了！」透過網路直播獲知余佩凌獲獎，美食部落客龜毛麗馬上從椅子跳起來用力鼓掌。「Pauline的服務恰如其分，她不只喊出妳的名字，知道妳的喜好，進而提出比妳上次用餐更好的建議。」家住台中、每兩個月固定到鹽之華報到的熟客劉秀英觀察，余佩凌沒有言不由衷、不會八面玲瓏，又得面面俱到，很不容易。

差點被主廚「退貨」的工讀生

只不過很難想像，才站上台灣外場服務最頂端的余佩凌，二十二年前初入行時，竟差點被主廚辭退。

余佩凌重考大學那年，看到台中美術館附近有家餐廳招牌寫著「我們可能是最好吃的義大利菜」，吸引她直接走進面試，而這就是西餐中霸天黎俞君開設的

PaPaMio。

黎俞君回想後直言，當時店長錄取的外場工讀生裡，她最不看好余佩凌，「Pauline外型比較嬌小，當外場沒那麼醒目，尤其她天真又單純的個性，服務客人很危險。」舉例來說，當時有客人送余佩凌椰子汁，她開心地捧到廚房炫耀，卻被黎俞君潑了一盆冷水。「店裡禁帶外食，但他桌上擺了十顆椰子，就是不想消費，才送一顆給妳，妳不該接受，」聽完黎俞君解釋，她才驚覺原來是這樣。

大戶人家成長經驗，練就察言觀色能力

即使余佩凌大學畢業就到廣告公司工作，和黎俞君的緣分並沒有斷，仍不時回去探望餐廳夥伴，和他們玩在一起。幾年後在黎俞君的邀約下，余佩凌正式加入鹽之華團隊，一待就是二十二年。

沒受過餐飲科班訓練的余佩凌，透過親身體驗世界最頂級的餐飲服務，快速汲取養分，再轉化成自己的服務風格。過去十年秋冬轉換之際，黎俞君都會帶領鹽之華團隊到歐洲見習一個月，餐餐摘星，一天最多吃下六顆星，至今余佩凌累積超過兩百顆

米其林星星，不管對料理或服務的掌握，一般人都不是對手。

從小在姑姑家的成長經驗，更讓她練就觀察入微的厲害眼色，也洞悉大戶人家用餐的講究和規矩。「我不是香港人，在台灣出生，只是小時候往返居住兩地，」說話有香港口音的余佩凌透露，姑丈在台灣做全球皮件生意，而她父母為了全力幫忙姑丈，把她和姊姊託給住香港的爺爺奶奶看顧，直到舉家遷回台灣。

她猶記，小時候每次回香港，姑姑都會領著兩個傭人，親自料理十幾道菜讓她們大快朵頤，明明在家吃飯，卻正式到要開菜單。她印象最深刻的是，小時候在餐桌上吃完冰淇淋，出於本能想順手收好，方便傭人取走，卻立刻被大人打手阻止。

「她天生就熱情，愛幫助別人，但這並非正確的用餐禮儀，」黎俞君解釋。這些潛移默化是余佩凌的養成。

傻大姊性格幫助癒合「客人刺的傷」

有趣的是，余佩凌當初被認定不適合外場服務的傻大姊個性，卻成了她堅持超過二十年的關鍵，「我心裡傷口的癒合速度很快，」余佩凌笑著說。有一次客人在吃主菜時加點一瓶水，明明已告知價錢，結帳卻還是嫌瓶裝水太貴，在店內大聲叫囂，「早知道我去超商買來喝，」後來余佩凌決定不收客人瓶裝水費，沒想到客人還是不開心，「妳覺得我付不起這點錢嗎？妳不適合做這工作！」說完怒氣沖沖轉頭就走，他的同行友人後來還專程回來，不斷地向余佩凌道歉。「當下很難過，但必須馬上轉換心情，不能影響客人，也不能嚇到年輕同事，」說自己再怎麼挫折，睡個覺隔天就好的余佩凌，工作時很專注，因為她不想讓客人失望。

二〇二二年榮獲米其林服務大獎的台灣最強外場余佩凌，獨家分享她把服務做到恰如其分的訣竅。

不走高冷路線，親切服務要「剛剛好」

鹽之華雖是法式 Fine Dining（頂級餐廳），但熱情的余佩凌不走傳統的高冷路線，而是親切專業的「剛剛好」服務，「現在歐洲也有不少 Fine Dining 餐廳，不若早期般嚴肅，而是提供恰當又舒適的服務。」

余佩凌很擅長拿捏和新、熟客互動的分際，即使是第一次踏進鹽之華的客人，也能馬上感覺自己和這家店很熟。她會特別花心思，讓不常踏進Fine Dining餐廳的客人放鬆心情，比如用她不輪轉的台語逗樂阿嬤，再教她由外而內使用餐具，「通常在肩膀不緊繃，拿刀叉的手不抖之後，才能嚐出料理的美味。」

「她不像台灣早期的餐廳外場，習慣透過交陪、套關係，拉近彼此距離，而是以專業找話題和新客人互動，她對待熟客，就沒那麼中規中矩，」和洋公關行銷謝蓓瓊長期觀察。

有些熟客很愛和余佩凌聊天，但她會時常提醒自己，找對時間和熟客互動，也不要聊過頭，才不至於冷落一旁的新客人。尤其商務聚餐，外場人員的應對進退，更需要拿捏到恰到好處。即使再熟稔，有時候客人一個眼神，余佩凌就知道不需再多做介紹，速速優雅地告退，把場子留給客人主導，而不是執著於自己的專業，「要做適度地接待，不是過度的打擾。」

那是歐洲侍者給余佩凌的啟發。當她走進米其林餐廳用餐，不只是客人，也是觀察家，「當我們吃完盤中食物，把刀叉放在同一邊，自顧自聊天，盤子竟默默被收走而不自知，」余佩凌相當激賞這種不打擾客人的服務。

比不動聲色解除客人尷尬更高竿的服務，就是洞察客人還沒說出口的需求，在他還沒有要求之前，提供連客人都意想不到的服務。這需要對賓客席間的用餐節奏入微觀察、細膩掌握，從小在大戶人家長大的余佩凌深諳此道。

美食部落客龜毛麗天生是左撇子，父親擔心她左手拿筷子容易招致異樣眼光，規定她不論吃飯或寫字都用右手。那天到鹽之華用餐，龜毛麗為了拍好照片，不經意以左手拿餐具，右手按快門，沒想到上第一道餐點後，余佩凌竟主動替她交換餐具的擺放位置。「同行友人認識我四年，不知道我是左撇子，Pauline 竟然用一道菜的時間就發現，」她大讚余佩凌設想在客人需要之前的細膩服務。

偏心客人，同理客人的需求

外場人員向來扮演廚師與客人之間的溝通橋樑，如果硬要余佩凌選擇，她絕對偏心客人，和客人站在同一邊。曾在法國米其林三星工作十二年的鹽之華法籍副主廚聽聞余佩凌拿下服務大獎，故意玩笑似地調侃她，「我知道妳服務很好，所以我們廚房很累啊！」

黎俞君觀察，一般人對客人的好，七十分就感覺足夠，而余佩凌對客人的好，則是無限度，「寧可挨廚房罵，也要替客人爭取權益。」舉例來說，客人吃完主餐，廚房也準備好接下來的甜點和餐後小點（petit four），但余佩凌看到客人紅酒還剩大半罐，徵得客人同意後，便向廚房要求把甜點換成搭配紅酒的起司或堅果盤，讓原本好整以暇的廚房，又因這個臨時考題雞飛狗跳。「我想了解客人想要的是什麼，而不是我可以給他什麼，」平時也愛好美食和美酒的余佩凌，總把客人當成自己、或家人看待，同理他們的需求。

還有一次客人在上主菜之前，急忙找來余佩凌說，發現自己點錯主菜，但當天真的不能吃牛肉。余佩凌只好硬著頭皮，苦苦哀求主廚更換做好的主菜，甚至願意為客人支付多出來的主餐費用。好幾個外籍客座主廚就因此而翻臉，把余佩凌叫進廚房痛罵一頓。

「她裝的啦，最後都我買單，」霸氣又大氣的黎俞君坦言，一般 Fine Dining 餐廳主廚為顧及創作理念及料理口味，通常不願意為客人客製化或臨時換主餐，鹽之華卻盡可能滿足每位到訪饕客。「對，我就是沒個性，因為我要的個性是，每位客人到鹽之華都能獲得最好款待，」黎俞君說。不過，黎俞君偶爾也會忍不住向外人笑著埋怨，「鹽之華內外場員工的辛苦，都是 Pauline 造成的。」

不過再怎麼寵客人、護客人，他們提出的要求，余佩凌也未必照單全收。「要是客人對外場人員不尊重，比如一進店就大呼小叫，或打響指叫人過來，我會比其他同事先去面對他。」余佩凌不會對這種客人畢恭畢敬、鞠躬哈腰，或卑微屈膝蹲在他身旁，而是嚴肅地問他需要的服務，「服務不應該委屈求全，」她總這樣提醒外場團隊。

不斷精進自己，建立不可取代價值

抱走米其林服務大獎前，余佩凌也有過和其他餐廳外場同樣的遭遇。很多親戚得知她做餐廳外場，都不客氣地問，「妳怎麼在端盤子？這麼低賤的工作，為什麼要做？」

在精品當國外經理的閨密還揶揄她，「到底鹽之華下了妳什麼蠱？竟想一輩子在那端盤子，妳有什麼問題嗎？」另一個閨密還大言不慚地說，「我隨時都能代替妳的工作，妳們那是什麼 briefing（開餐前的小型會議，讓夥伴知道當天的來客需求和內外場資訊溝通傳達）？我們跟國外視訊 briefing，全程多緊張啊！」

余佩凌坦言，聽到這些話難免感到挫折，「外場服務不只是端盤子，每個行業都有專業，不代表別人的工作，隨時能被你取代。」黎俞君不斷提醒她，不要自以為很厲害，永遠都要再學習，「我們不是財團，沒有背景，九九．九％不會得獎，」不過，黎俞君認為只要有〇．一的機會，就不能放棄努力，甚至得比別人多努力五倍、十倍。

在黎俞君的鼓勵下，不只余佩凌，鹽之華所有外場人員，甚至連門口的接待人員，都考取侍酒師執照。後來黎俞君又對品油有興趣，余佩凌也跟著去學拿執照，等於被主廚逼著往前走。「台灣想要發展觀光，或者更高階餐飲，外場的專業度很重要，」高雄餐旅大學觀光研究所教授劉喜臨認為，余佩凌就是外場人員學習的標竿。

對余佩凌來說，一流的外場服務人員，必須具備熱情、專業和敬業的特質，「無論上下打量客人的穿著打扮，或者用手指轉盤子，都是外場對自己工作不尊重的表現。」

獲獎之後，熟客、合作供應商恭賀余佩凌的電話紛至沓來。有個廠商問她，「這個獎是用妳二十二年青春換來的嗎？」余佩凌笑著搖頭回答，「不是，每天的工作都讓我很開心、有成就感。」

最大的成就感，來自她與客人的互動。多年前有對路過的情侶，走近鹽之華門口探詢餐點價位，男孩一聽，不好意思地說，「這個價位我吃不起。」

接待他們的余佩凌，為了在女朋友前保住男孩面子，貼心告訴他們，「你太客氣了，我們的用餐時間約兩個半到三個小時，等你們下次時間比較充裕，再過來用餐，」男孩很感動，立刻附和她的話，「對對對，我這樣太唐突，很沒禮貌。」

沒想到兩年後，男孩以新任法官之姿，帶著當年那個女孩，也是他現任未婚妻，到鹽之華用餐求婚。嚴格來說，兩年前那個男孩，根本不算鹽之華的客人，甚至連門都沒踏進去，頂多算是「問價錢的過路客」。

余佩凌連問價錢的路人，都能當成客人般珍惜、在乎，也難怪能毫不費力收服每位到訪饕客的心，讓鹽之華破解台中早期被稱為西餐沙漠的詛咒，成為生意最好的法式 Fine Dining 餐廳。

（選自天下雜誌 Web only．2022/09/07．文王一芝）

大大小小的挫折每天都在發生，必須正面化解它，
並把它變成人生的養分。

——鹽之華法國餐廳經理 余佩凌

03

副董級服務生的款待哲學

自律敬業，以客為師

放眼國內外餐飲業，以老闆或主廚名字命名的餐廳多不計數，卻難見以員工為名的餐廳，不過台灣有兩家。一是以前資深外場協理劉文秀英文名命名的晶華酒店牛排館和鐵板燒餐廳「Robin's Grill」，另一家就是位於大直萬豪酒店一樓中城廣場的「欣葉・鐘菜」。

「鐘菜」是台菜料理起家的欣葉國際餐飲集團，旗下第一個以人名姓氏命名的餐廳品牌。「鐘」指的是欣葉國際副董事長鐘雅玲，而鐘菜，顧名思義賣的是鐘雅玲的菜，也是她過去四十五年來留住老客人和VIP的必殺絕技。今年七十二歲的鐘雅玲，是台灣服務業的一頁傳奇。

她和劉文秀一樣，都從被認為進入門檻較低、可取代性高的外場人員做起。鐘雅玲憑著認真的態度和體貼入微的服務手腕，擄獲不少政商名流的心，前中研院院長李遠哲、前司法院院長賴英照、文華東方酒店董事長林命群等，都是她的常客。而她也從基層一路升到副董事長，在欣葉的地位，僅次於創辦人暨董事長李秀英，可說是台灣絕無僅有，無人能出其右。「從輩分來看，她在我上面；就經驗來講，她在我前面，她對公司的貢獻度也非常高，」欣葉國際執行董事李鴻鈞認為，升鐘雅玲當副董很理所當然。

十三歲就看著鐘雅玲和母親一路打拚過來，把大半輩子的青春奉獻給欣葉，對李鴻鈞來說，鐘雅玲不只是他們母子的事業伙伴，也是最資深的「家人」，「她是我媽媽的乾女兒，我理應喊姊姊，但長姐如母，我喜歡叫她『阿娘』。」

為了對她的貢獻表達最高肯定，李鴻鈞三年前大手筆斥資近四千萬，打造以她的姓為名的餐廳鐘菜，讓鐘雅玲半世紀的款待精神得以彰顯、傳承。一個餐廳外場，竟能把服務做到讓老闆心甘情願升她當副董、以她的姓氏為名開餐廳，鐘雅玲到底如何辦到？

自律、敬業，四十年如一日

光看鐘雅玲外表，也許很難看出她的實際年齡，但從那身打扮，絕對能輕易發現她長期擔任外場人員的蛛絲馬跡。

她總是一頭俐落短髮、戴副紅框眼鏡，身上熨燙筆挺的白襯衫，鈕釦一路扣到脖子上，顯得精神奕奕。套上合身背心，搭配及膝窄裙，和輕便耐走的黑平底鞋，鐘雅玲從頭到腳看起來，就是讓人感覺嚴謹、一絲不苟，彷彿放下包包就能立刻上場招呼客人。

在米其林當道的年代，主廚儼然是餐廳象徵，但對鐘雅玲來說，外場人員必須代表餐廳，在第一線面對客人，客人從踏入餐廳到飽腹出門，與他們接觸最頻繁的，也是外場人員，儀容可馬虎不得。

「外場人員的衛生習慣也很重要，」鐘雅玲秀出雙手修得像新月弧度的指緣說，外場人員不能留指甲或戴戒指、手鍊，否則容易藏汙納垢。從她乾淨、清爽的指甲往上看，竟發現她左手錶帶下，夾著一枝筆。她解釋，不管幫客人點菜，或想記下什麼，隨手就有筆可用。

她不離身的還有開瓶器，平時勾在窄裙腰際線上，一反手就能拿取，「日本客人一坐下就要喝啤酒，我們已練就邊點菜、邊開啤酒的功夫，」鍾雅玲一手拔擢的欣葉台灣料理營業部協理黃麗姝，邊說邊示範。

鍾雅玲數十年如一日的穿衣風格，都是為了方便外場工作，她不變的還有身形，和四十年前沒太大差異，這都代表她的自律甚嚴，以及對工作的尊重。

鍾雅玲始終敬業，幾乎天天到班，很少請假，即使身體不舒服，也會先到店安排好客人的交代，才回家休息。別人看鍾雅玲生活千篇一律，她卻完全不嫌膩，只要站到工作崗位，就算先前心情再差，她也會帶著笑容迎向客人。這也是李秀英一九七七年創業時，極力延攬她一起打拚的主因。

二十六歲進入欣葉之前，鍾雅玲已在另一家老字號台菜餐廳青葉工作十年，從外場人員做到主管。餐廳規定早上十點半到班，鍾雅玲每天提早進去，不到十點就做完準備工作，等其他同事到店，就能開門做生意。也讓身為青葉股東之一的李秀英，當時就對這個工作賣力的宜蘭小女孩，留下深刻印象。

要做就做到最好的堅持，讓鐘雅玲在的店，不管菜色、環境或服務品質，穩定度都很高，「客人光看她的外表和紀律都那麼嚴謹，對她點的菜和出餐品質就很放心，」黃麗姝貼身觀察。

一流外場的必要能力

即使高升副董，只要公司沒有會議，或需要她簽署的文件，用餐時間，鐘雅玲一定待在台北雙城街的欣葉創始店，因為創始店的外場，就是她的天下。疫情之前的欣葉創始店，只要用餐時間一到，人潮都會像瀑布般嘩一下湧入，就是餐飲人說的行話「搓草」（忙不過來的台語）。但無論再忙亂，鐘雅玲都有本事氣定神閒、有條不紊地掌控全局，有效率地調度人手，讓點餐、送餐到結帳的流程無比流暢。關鍵就在於，她總能精準掌握客人需求。

半世紀的外場經驗，讓鐘雅玲練就了一招拿手絕活，只要客人手剛抬起來、身子稍微挪一下，她就能預判他們接下來需要什麼服務，而且相當準確，屢試不爽。問鐘雅玲怎麼辦到？「這就是經驗，很難講，」她不慍不火地回答。她舉例，客人突然起身離開座位，通常不是找廁所，就是到門口接客人，不然則是找地方抽菸，「沒有第四種可能，」鐘雅玲篤定說。

轉眼間，眼尖的她瞥見客人手勢，又立刻使眼色命遠處員工為客人倒熱茶、添稀飯。鐘雅玲認為，一流的外場必須具備記性好、EQ高、膽識足、協調能力強和善觀眼色等五種特質，其中尤以「善於察言觀色」最重要，「只要全神貫注，敏感度就夠，自然能洞悉客人的一舉一動，」她不吝分享。

即使只是配合拍照，鐘雅玲人在餐席間，神經就不由自主緊繃起來，進入專業的外場備戰狀態。外人看她聚精會神在桌旁替客人點菜，眼角餘光卻仍照顧其他桌的上菜節奏，遣人到廚房控管速度，「如果工作不專心，可能連冷氣忘了開都感覺不到，」鐘雅玲叨念。

但也不能只是聽或徒有看，她不時把「你眼色礙咖巧诶！」或「礙聽客人的尾聲」兩句話掛在嘴邊，一方面提醒員工要機靈變通，搞清楚客人真正的需求，也不能只聽字面意思，而是找出客人想表達的真正需求。

黃麗姝舉例，「我們吃不多」、「只是家庭聚餐」代表客人不想花太多錢，別替他點太多菜，而「公司同事聚餐各付各的」也是點適當的菜就好，至於「今天交由你準備，沒關係盡量出」，則是不用考慮預算，好菜統統端上桌。

雅玲式服務，每天下班自我反省

通常客人來第二次，鐘雅玲就能正確喊出他的稱謂，再多來幾次，她還能熟記客人的用餐習慣和食物偏好，在客人開口之前，把辣椒醬油送到他面前。要是客人想吃當天沒備或店裡用完的食材，鐘雅玲不會馬上拒絕客人，而是打電話找分店調貨，甚至自己騎車到熟識的同業店裡借，盡力做到使命必達，完成客人的特殊要求。

員工編號三號的鐘雅玲，憑藉自己的不斷揣摩，無師自通建立一套細心體貼、真心為客人著想的欣葉式服務模式，把客人的心牢牢抓在手上。這樣的雅玲式服務風格，也靠著她以身作則的示範和提點，一代一代地往下承傳。

她坦言，年輕時曾被態度不好的流氓客人罵哭，也當場被客人要求站好聽訓，被熱騰騰的麻油雞或清粥灑了一身，更是家常便飯，「通常到廁所哭完，或者把身上的髒污擦掉，就回到外場繼續服務，」鐘雅玲回想。

「她是全心全意在做服務，」黃麗姝記得，鐘雅玲在員工教育訓練說過，自己每天下班後都會反省檢討，哪項服務還不夠到位，下次該如何做得更好，就是不想辜負客人對她的長久信任。

不只是服務，要想是款待

鐘雅玲是出了名的「敖點菜」（擅長點菜的台語）。她的熟客到欣葉坐下來，往往不是看菜單，而是交由鐘雅玲搭配菜色，那一句「攏高厚你」（都交給你）或「你傳丟厚」（你準備就好），就是她做服務最大的成就感，「服務人員就是要做到被客人信任。」

對鐘雅玲來說，外場人員如果讓客人照著菜單點菜，照本宣科地抄寫下來，只能算「服務」，外場人員真正的「款待」客人，不但要懂搭配，還會根據客人的預算和用餐目的，提出最恰當的推薦。

這的確很難，考驗的不只是外場人員對自家菜色的熟悉，還有對客人口味的掌握。「想抓住客人的心，除了抓住他的胃，還要真心為他著想，」鍾雅玲道破其中祕訣。她說自己幫客人開菜單，通常會先了解用餐目的，若是家庭聚餐，她會推薦家裡不太會做的功夫菜，商業應酬宴請重要賓客，她一定會記得安排幾道精緻又體面的佳餚。

點菜時要是發現菜已經夠了，客人還想再點，鍾雅玲都會提醒客人，「這樣就好，不夠再點，」如果點太多以時價計費的菜，她也會在客人耳邊小聲說，讓他心裡有個底，又不傷及面子，這是雅玲式的貼心。

菜也不是點完就沒事，鍾雅玲還會持續關心上菜順序、份量是否充足、味道客人喜不喜歡，或者盤中的菜剩多不多，並因應客人的需求隨時調整，「這才叫款待，」鍾雅玲一再強調。

允許例外，與熟客一起開發新菜

賣了四十幾年台菜，欣葉的熟客其實不少，有的一星期來兩、三次，菜單都翻膩，為了維持常客的新鮮感，不會做菜的鐘雅玲，不時就想些菜單上沒有的菜，或到市場採買季節食材，請廚房協助料理，「不用大魚大肉，只要他們沒吃過的都好吃，」她直截了當地說。比如鐘菜的季節菜丸鍋，就是由林命群和欣葉團隊共同研發。

林命群在中泰賓館時期，經常到欣葉吃車輪牌鮑魚，有一次他想變花樣，乾脆要求整罐倒入煮湯，鐘雅玲靈機一動，加進蒸好的排骨和手工菜丸子熬煮，清爽好吃不油膩。問鐘雅玲像這樣的熟客私房菜有多少道？她搖搖頭說，沒辦法數。

「我進入欣葉三十八年，創始店的菜還沒吃完過，」李鴻鈞形容，鐘雅玲的菜沒有限制，每隔一陣子就端出新菜。最近還以招牌菜「煎豬肝」發想，研發出李鴻鈞直誇好吃的「蒜香豬肝」。

愛臨時出考題的鐘雅玲，也讓內場廚師又愛又恨，有時他們還得搬出退休又回聘的欣葉創業鐵三角之一、人稱「阿南師」的前行政總主廚陳渭南，才有辦法照鐘雅玲的意思，為客人料理菜式。

鐘雅玲為了討好客人味蕾，也是費盡心思，有時光說服廚師做耗工費時的功夫菜，還得連哄帶騙，跟廚房開玩笑說，「趕快做出來，我們算客人貴一點就好。」

在欣葉，沒有人比鐘雅玲懂客人要什麼。她觀察客人的口味偏好會改變，唯有推陳出新才能抓住客人。也因此她當副總那幾年，固定帶內外場主管去新開的餐廳用餐，除了打包回去重新拆解，分析適不適合納入菜單，她也會要求廚師試著用同一樣食材，變化出多種作法。

李鴻鈞接班後，替欣葉導入現代化的企業管理模式，但為了保有鐘雅玲幫客人著想的「特權」，他特別在集團財務之外，為鐘雅玲另闢一個獨立帳目，讓她不被統一採購局限，能繼續到市場魚販攤位，為客人採買難得捕撈的肥美漁貨，「再麻煩，也要以客人為主，」李鴻鈞堅持。

以客人為師，給屬下空間發揮

鐘雅玲督軍嚴格，舉凡餐桌湯碗疊超過十個，或地上有菜渣等雞毛蒜皮小事，統統逃不過她的法眼；要是員工上錯菜，或在客人談事情時插話，她毫不寬待立刻就找來訓誡一番。她像從張愛玲小說走出來的幹練角色，不怒而威，人在創始店，不時聽到跟著李鴻鈞孩子喊她「阿姑」的年輕員工耳語，「阿姑來了，大家緊站乎好！」

「如果感覺她快生氣，我都閃很遠，」跟了鐘雅玲四十年的黃麗姝不諱言，現在她還是很怕鐘雅玲。有趣的是，接受鐘雅玲魔鬼操練的創始店外場團隊，流動率反而是欣葉所有分店最低，默契好的不得了，就算臨時接單，也能使命必達，「她看起來很嚴格，可是心卻很柔軟，」李鴻鈞觀察。

只要有機會，她會犒賞年輕員工到新開餐廳用餐，順便開開眼界；忙完除夕團圓飯，也召集家人不在身邊的實習生聚餐，「她對年輕實習生的噓寒問暖，好像阿嬤在帶孫，」李鴻鈞笑說。

鐘雅玲還把多年前客人專程從美國買來送她的靜脈曲張襪，轉送給剛生小孩的黃麗姝，讓她感動到不行，也難怪不少離職員工，不時回來找鐘雅玲敘舊。不滿二十歲就進餐飲業的鐘雅玲，從沒後悔過忙於工作而終身未嫁，因為欣葉就是她的家，最大的遺憾反而是沒辦法完成學業。

三十二歲那年，鐘雅玲看著欣葉營運逐步上軌道，一度想辭職去完成學業，沒想到一把大火把欣葉燒的面目全非，她不忍心在欣葉最脆弱時離開，只能忍痛放棄求學夢想，「現在員工學歷一個比一個高，我當初應該排除萬難去念書才對，」她很驕傲舅舅栽培出三個博士，打趣說自己的記憶力應該差不到哪去。

不過這些年她也體認到，自己從客人身上學到更多，因為她的客人從政治人物、醫生、教授到上市公司老闆，各行各業都有，席間和他們交談，吸收的知識不會比課堂少。但謹守分際的她，與客人的良好互動，僅限於餐廳內，出了餐廳大門，她從不私下聯絡客人，除非有客人主動找她。

目前鐘雅玲大方把李鴻鈞為她開設的私房菜獨立餐廳，讓給一手帶出來的黃麗姝駐店發揮，自己則在鐘菜和創始店兩邊跑，雖然早過了退休年紀，她仍樂衷站在第一線服務客人。

「我當然要繼續做下去，人活著就要動，」鐘雅玲一邊說，一邊快步走去更換客人餐盤，年輕員工根本追不上她，「但也不能做到皺紋太多還不退，我現在還可以吧？」她摸摸自己光潤的臉龐，問身旁所有人，答案不言可喻。

（選自天下雜誌 Web only．2022/03/09．文 王一芝）

服務是獨白，款待是對話，
一上工就要全神貫注。

——欣葉國際餐飲副董事長　鐘雅玲

04

不怕被拒，主動創造需求的美好買賣

流動攤販的真心之力

「不好意思，請問一下，你要買蘋果嗎？」「我這邊有來自青森的蘋果，是品質非常好的蘋果喔！」穿著白色襯衫和深色背心，腰間圍著短版圍裙的片山玲一郎，神情愉悅地向路人詢問，看來就像是身著整齊制服的高檔餐廳或甜點店店員，正在向顧客介紹餐點內容般自信十足。

原本多退了幾步，保持著「隨時可以閃人」之安全距離的路人，才沒幾秒，竟像是被施了魔法一般，往前靠了上來。也有一開始狐疑地搖頭走過的路人，幾分鐘後又折回來，直接表明「我要買蘋果」。

片山的小貨車上，用木箱裝著從日本青森產地直送的各式蘋果，還有妻子製作的蘋果果醬、果乾，以及工廠生產的蘋果汁、蘋果醋。這個「流動攤販」，沒有宣傳擴音機，沒有張揚的廣告旗幟，在街道上毫無違和感地，安安靜靜地現身，卻能賣出一天平均約三萬台幣，最高十萬的業績。

「我曾看著片山向一位看似在等人、身穿工作服有點年紀的路人攀談，對方一開始有點錯愕，但不到一分鐘，他就和片山買了一袋五百五十日圓（約一百五十元台幣）的蘋果，」一位曾經貼身採訪片山玲一郎的日本記者在報導中形容，「當場我真是懷疑我的眼睛有沒有看錯。」

片山玲一郎有時還會直接去按民宅住家電鈴，或是無預約就進入一般公司的辦公室，直接詢問「想買蘋果嗎？」、「有沒有人喜歡蘋果？」直率到令人忍不住笑出來的銷售誠意，常常成功奏效，讓掏錢買單的客人直呼「不可思議」。

獨特銷售心法：美好的買賣

為什麼這麼簡單就能推銷成功？「我就是很明白告訴客人我在賣蘋果，很希望他能看一下這些蘋果，然後就可能成功賣出去了，」片山玲一郎在越洋電話採訪中，有點不好意思地大笑著說，其實沒有太多技巧，「就像在問路一樣，很認真的看著對方說話，只要他願意和你對上眼神，你就有機會了。」

沒有固定店面，帶著商品四處販售的方式，在台灣是常見的流動攤商或行動商店，在日本則可追溯到百年前江戶時代極為興盛的「行商」，意即行走移動式地販售。「甚至如果今天我覺得想去海邊，就會開貨車去看海，看完了準備回家前，再打開車廂開始賣蘋果，」片山解釋，因行商地點不固定，每一天偶遇的客人可能此生不再相見，「彼此相遇時的互動交談，可能為對方留下有趣、愉悅的記憶，這是我所認為的『美好的買賣』。」片山玲一郎解釋，其實他賣的，是那種可以打動人心的互動，和「一期一會」的小感動。

年近四十歲的片山玲一郎，其實有著不太順遂的成長歷程。國小因為太愛發問，被老師視為「問題學生」，成為不上學的「不登校」學生。十五歲就發現罹癌，被醫生宣判人生只剩三個月時間，但最後癌細胞卻奇蹟似消失。

畢業於音樂學校後，他曾是爵士樂鋼琴手，演出獲得好評，卻自覺「名過其實」斷然放棄音樂生涯，最後選擇「賣蘋果」這個看似收入不穩定的職業。

憑著自身對「銷售」獨特的詮釋，片山創造出最高月入五十萬台幣的銷售實力，撐起有著五個小孩的七口之家。但事實上，他每個月只花不到一半的時間賣蘋果，其他日子則在小貨車上賣他喜愛的書籍和攝影集，目的是「希望支持創作者繼續推出好的作品」，甚至還開放許願，幫人無償販售產品或出版物，希望讓更多人體會「美好的買賣」。

「從金融危機，不景氣，到現在的新冠肺炎疫情，其實業績都不太受到影響，」片山說。片山玲一郎究竟靠著哪些特點，顛覆一般人對流動攤商的印象？

每次開口，都是真心的告白

片山認為，行商並不是「對誰都可以」的隨便叫賣，亂槍打鳥。而是帶著「想把很好的蘋果介紹給你」的真心開口，展露出對眼前路人的誠心，「其實有很高的比例，路人都會給你回應。」他說，有時候只問一句「您要買蘋果嗎？」就一秒成交。

而許多客人，不只對蘋果好奇，更對這位行商人產生興趣。例如，「為什麼今天會來這裡賣？」「這輛車很特別！」顧客的每一個好奇，都能成為拉近和客人距離的有趣對談，片山總是誠實地回答客人問題，讓互動更有溫度。

就算會被拒，也要一決勝負

當客人說「我現在沒空」、「我不愛吃蘋果」，一口回絕時，怎麼辦？片山不會馬上放棄。路人說沒時間，他會說「只要幾秒鐘馬上就可以買好。」路人嫌蘋果很重，或說身上現金不夠，片山馬上提出可以宅配到府，或收攤之後直接親送，接受手機電子支付等等方式。

如果提出了這麼多配套，客人還是不買單，片山會歸因於自己沒有挑對時機，以及「心意」沒有真正傳遞到對方心裡。「這就是告白失敗啊！」片山解釋，可能當時對方心裡的第一順位太強，自己的「告白」敗下陣來。但每一次出手，片山仍會抱著要和路人內心「第一順位」一決勝負的心情，努力將自己的心意傳遞給對方。

主動創造需求，訂立明確的銷售目標及計劃

一般的流動攤販，習慣坐等顧客，只能吸引「剛好有購買需求」的客人上門。片山則是以主動詢問，引起客人興趣，創造需求。

「如果他自己不喜歡吃蘋果，我會說可以給家人吃，分送給朋友，或是還有蘋果汁、果醬等很好的產品，」片山說，若遇上了剛好喜歡蘋果的客人，則會進一步詢問，要不要購買整箱，可以分別寄給住在遠處的家人或朋友。也因此，不少客人一出手就是近萬元台幣的高額消費。

除了主動創造需求，片山認為，為自己訂下每日、每月、每年的銷售目標非常重要，才能知道自己努力的方向，「就像爬山，如果你不先想清楚，自己想要爬的是哪座山，永遠不會成功登頂，」即使是「行商」，也不是隨性、毫無紀律地的工作，「其實自由，就代表著『要自己負責。』」

不靠「算你便宜」的削價促銷，也沒有「不甜免錢」的話術，流動攤商片山玲一

郎開著小貨車在街頭攬客，每顆幾十台幣的蘋果，一天竟能賣上十萬台幣，絲毫不受疫情衝擊。他認為，「真心之力」才是最佳的行商之道。

（選自天下雜誌 Web only．2021/04/28．文 施逸筠）

就算是一百年後，就算AI人工智慧再進步，
人與人直接互動的溫度，仍會是最能打動人心的方式。

——流動攤商 片山玲一郎

05

熟悉工作規章，才能真正展現專業

撕下「公務員」刻板印象，讓刁民也臣服

「站長好！」、「站長再見！」，從台北車站西側的站長室走到東側電梯約兩百公尺路程，沿途所遇到的台鐵員工、警察和清潔阿姨，每個人看到胡詠芝都熱情地打招呼。她面帶微笑回應，甚至還能一一叫出名字，展現親和力和好人緣。她是一百三十六年來首位台北車站女性站長，胡詠芝熱愛與人互動、站在第一線服務，協助旅客解決問題。在男性員工佔八成的台鐵公務體系中，憑實力說話。

在胡詠芝身上，完全看不到關於「公務員」的負面標籤，取而代之的是服務業第

一線人員夢寐以求的特質：積極、親切和耐心。「同事都說很少看到我臭臉，因為我每天都帶著快樂跟感恩的心上班，」她笑著說。

今年四十四歲的胡詠芝，是台北車站第一位女站長，在以男性員工佔多數的台鐵職場中，顯得格外亮眼。身形纖細修長、就連走路時背部也保持直挺的她，同時是台鐵國際禮儀基本儀態與服務規範的種子教師，協助制訂台鐵的服務禮儀規範。

「車長剪票後，比起用單手把車票還給乘客，將車票轉正後雙手還給乘客，感覺就是不一樣，」胡詠芝拿起記者的名片當場示範。即便已無須固定在第一線面對旅客，她對服務的熱情絲毫不減。

誤打誤撞進入台鐵

從小胡詠芝就熱愛和人交流，個性開朗的她熱衷打籃球、參加社團，就讀義守大學財務金融學系期間，更修習完國小教育學程，「我喜歡跟小朋友互動，憧憬成為影響人一生的老師，」她回想。

只是連續兩年教師甄試，胡詠芝都沒有考上。她自認不該把路走死，於是輾轉進入半導體業擔任業務和採購，發揮樂於溝通的專長，更外派到上海，年薪超過百萬。在上海工作三年後，胡詠芝為了照顧家人而辭職回屏東老家，找工作過程她經過高雄的補習班，發覺公職是個好選擇。

她對高普考行政工作沒興趣，而國營公司如台電、中油或自來水招考日期又不固定，唯獨剩下鐵路特考有固定開缺。胡詠芝花半年時間準備，考上員級資位，開啟台鐵生涯。

十四年來，她從基層站務員做起，歷經列車長、副站長、站務主任、車班組主任，更在台鐵局本部當過國會聯絡室科員及局長秘書。她也不忘精進，花三年拿到交通大學運輸管理研究所在職專班碩士學位，研究台鐵東部幹線列車座位需求。

台鐵局營運安全處災防科長簡信立擔任台北車站站長時，胡詠芝就是副站長之一，協助運轉督導工作，「她在文件處理、同仁相處、業務督導工作表現，讓我完全可以放心。」胡詠芝還曾被前台鐵局長周永暉相中擔任秘書，協助安排每日行程、找來各單位開會，工作能力受到局長信任。

如今扛起「天下第一站」的站長，對胡詠芝又是另一種挑戰。每日超過十萬人次進出，出入口多，又與北捷、機捷和高鐵交錯，還有餐飲及商場進駐，是台鐵最繁忙的車站。

簡信立認為台北車站的重要性不僅是首都門面，更關係到台鐵形象，還要管理民眾在售票大廳席地而坐、街友生活等議題。包含現任台鐵局長杜微在內，歷任有三個台鐵局長，都曾擔任過台北站站長。

主動出擊，刁客也臣服

事實上也有民間企業想挖角胡詠芝，但她從未動搖。加入台鐵以來，胡詠芝Line的狀態始終都是四個字：莫忘初衷。「我告訴自己，能跟人互動往來是一件愉悅美好的事。在我能力所及內，一定要盡力幫助別人，」即便面對不理性的旅客，胡詠芝也能有恰當的應對。

擔任車長時期，曾有一名帶團導遊逃票被胡詠芝抓到。可能是在團員面前丟了臉，導遊竟然惱羞成怒，開始瘋狂飆罵髒話。當時她其實有點慌張，那是智慧型手機剛流行的年代，她壓抑顫抖的手，拿出手機按下錄音鍵。「我是一車之長，整車旅客只能依靠我，」胡詠芝很快恢復鎮定，以嚴厲的語氣告訴對方，目前正在錄音，請注意言詞。

每次服務旅客發生衝突，胡詠芝回家後總會靜下來思考，「應對哪裡出了錯？是我沒接收到他的訊息，還是我沒表達清楚？」然後擬定下次遇到類似狀況的處理模式。「我現在都用詼諧方式鼓勵車長，遇到不理性旅客，就當作謝謝他今天幫我消了業障，」她開玩笑說。不斷累積經驗後，胡詠芝能夠從容迎接旅客的「挑戰」。

曾有一名陳先生會固定搭乘她執勤的班次，總是坐在一號車的殘障座位。每當列車啟動，陳先生必定會找她反映意見。

最初是抱怨廁所洗手台太小容易噴濺，這雖然不是胡詠芝的職權範疇，但她依舊將意見寫在報單上，讓相關單位購車時可以入案研議。有次陳先生又嫌空調太熱，胡詠芝注意到他身上其實穿著厚重羽絨外套，「我不會直接告訴他，穿這麼多當然會熱！而是婉轉告訴他，冷氣已經調整，你也許可以先脫下外套，如果仍感覺很熱，再讓我知道。」

由於遇到他的次數太頻繁，胡詠芝決定主動釋出善意，「先生，真的很常遇到你，可以請問你怎麼稱呼嗎？今天要去哪裡？有問題再讓我知道，」說也奇怪，自從胡詠芝主動打招呼後，他再也沒有反映過車廂有問題。

甚至有次一具大型樂器擋住通道，胡詠芝在車廂中多次詢問誰是樂器的主人，都無人承認。剛好陳先生就坐在樂器旁，馬上指出是哪一名旅客所有，協助她順利解決問題。

胡詠芝相信人性本善，有些旅客可能只是想挑戰從業人員，她也願意接受反映和回饋，「其實只要對旅客多用點心和技巧，認真傾聽、釐清問題，路途上也能夠獲得他們的協助。」

搞懂規章也是一種專業

台鐵服務人員面臨的挑戰，還有不斷修正的旅客運送契約及規章，胡詠芝對熟記規定很有一套，「這也是專業的一環，否則沒辦法提供更好的服務。」她舉例，當旅客詢問行李大小是否超過尺寸、寵物鼠和烏龜能不能帶上車等問題，必須很快速地回答旅客，而不是再去翻資料確認。「在我們群組中，有人永遠會問一樣的問題，但也有人能很快丟出解答，這就顯示出你的專業素養夠不夠，」她觀察。

胡詠芝也分享熟記規章的祕訣，就是每當聽到有人在聊她不熟悉的規定，她都會很有興趣加入話題了解。如果當下得不到解答，也會記在手機的待辦事項內，有空再去請教相關承辦人員。就算不是直接經手的業務，胡詠芝也會設法弄清楚。

她擔任副站長時，主要負責旅客諮詢業務，但同時也會關心人員排班的相關規範、找負責人討論，「只要跟運務有關，我都想了解，這是我的習慣，」這項優點也幫助胡詠芝後來擔任車班主任，對於排班業務很快上手。

傳承台鐵服務禮儀

二〇一一年起，胡詠芝協助參與制定台鐵的禮儀規範，包含標準服裝儀容、站姿坐姿等多項細節。例如，車站服務台接電話，一定要講「台北『火車站』您好，很高興為你服務。」因為只說台北車站，旅客不知道是火車、捷運還是高鐵。車長驗票時，時常遇到旅客睡著，應該輕拍椅背喚醒旅客，或在查驗前一排旅客時，稍稍提高聲量，減少直接對旅客的打擾與接觸。另外，站務員在引導旅客時，也應該用手指併攏成手刀方式，而非以手指直接指出方向。

近年國人對台鐵信心不足，胡詠芝坦承確實有同仁受到影響，認為怎麼做都無法改變，感到無能為力。但一名前輩告訴她，沒人願意為組織付出，那組織永遠不會進步，怎能期待有改變，「如果什麼都不做，就是零。」

胡詠芝打算從自己做起，帶領一百五十名同仁一起努力，目標是把台北車站塑造成工作氣氛好、認同感高的單位。「我選擇一個能跟人互動、每天幫助別人的工作，這份熱誠支撐我到現在。擇你所愛，愛你所擇，一定要永遠記得當時選擇這個行業的初心，」她滿懷感激地說。

（選自天下雜誌 Web only・2022/03/16・文 楊孟軒）

擇你所愛、愛你所擇，
莫忘初衷。

——台北車站站長 胡詠芝

第二部

服務
生存指南

06

「滿額贈」如何創造最大價值？

讓贈品變成媒體，讓每位客人成為品牌最佳推手

二〇二二年二月中旬全聯二度推出全店行銷滿額贈，重金取得不少人心目中最強的超級英雄漫威肖像授權，沒想到竟因贈品吸盤公仔塗色不均、眼歪嘴斜，引來大批網友撻伐熱議，調侃全聯把「復仇者聯盟」變「負責醜聯盟」，還繪聲繪影地以訛傳訛，「聽說到全聯消費滿四百，將有可怕事情發生……」

很少有行銷活動，推出第三天網路討論聲量就超過三千筆，但近年在行銷屢有佳作的全聯辦到了，只不過負評似乎比正評多！「我們怎麼可能是故意的！哪有那麼厲

害，」為期九週的超級英雄總動員滿額贈活動告一段落，全聯福利中心行銷協理劉鴻徵獨家接受《天下雜誌》專訪，首度回應外界兩個月來的揣測。

不可思議的是，就在全聯忙著出面止血的同時，業績竟也跟著聲量往上飆，到活動結束前仍持續不墜，整體業績比去年同期成長兩位數，平均客單價也增加兩成，全聯兩千九百萬個公仔在截稿前也幾乎送完。掐指算來，等於為全聯多帶進二十五億的業績。

劉鴻徵進一步指出，全聯依每月消費金額將會員分成四類，活動前只有貢獻全聯一半業績的前兩類會員，消費金額還在成長，後兩類成長處於停滯，「漫威活動期間四類會員的月消費額竟全面提升。」

誰也沒想到，原本鋪天蓋地的謾罵聲，一夕翻轉成抱怨蒐集不到醜公仔，愈醜愈愛的現象，還反映在網路價格上，愈醜的公仔愈貴，最醜的黑寡婦一隻就喊價五十元。這些被認為毀容的瑕疵品公仔，也因每隻都不一樣，搖身一變成為具手感趣味的非同質性公仔，「公仔誤打誤撞產生 NFT 效應，」劉鴻徵也不可置信。

幾個研究行銷、網路消費的學者不約而同指出，全聯漫威英雄滿額贈是近年最成功的負面行銷，但操盤手劉鴻徵否認刻意為之，對他而言，負面行銷像走偏鋒，一不小心，就可能損及品牌形象。要是幸運之神未眷顧負評降不下來，業績也沒有起色呢？「不可能，國外和我們兩年前都測試過，」劉鴻徵斬釘截鐵說，不過他話鋒一轉表示，最壞狀況就是再減少損失，比如廣告少打一檔，想辦法讓風險降到最低。

長期研究消費者行為的政大特聘教授別蓮蒂則認為，話題性才是公仔一夕爆紅的關鍵。她解讀，想蒐集全套公仔抽大獎的漫威迷有限，多半都是看到別人的蒐集有話題性，跟著照做，只不過這次話題變成比誰的公仔醜，「這年代任何消息都是好消息，連不好的品質都能接受，」她驚覺。

行銷活動意外總難免，難的是如何在社會的撻伐聲浪中，還能化險為夷，讓蒐集公仔成為全民運動，劉鴻徵破例傳授他獨創以滑輪做波段操作的品牌力學，還有攻無不克的滿額贈教戰心法。

提供消費誘因的「滿額贈」

不管滿額免費贈、集點送或加價購，都是通路為刺激業績，祭出的全店行銷招式。全聯超級英雄總動員決定採取滿額贈，主要是仿效之前送過漫威吸盤公仔的國外通路，包括法國、加拿大和美國四家大型超市的做法，原因就是能有效提升業績。

而且滿額就免費送贈品，不用像印花換購先發點數，再回店裡兌換，消費者幾乎都能拿到，參與率非常高，「集點送是將派發率乘以兌換率，等於活動參與率，但滿額贈不用兌換，派發率愈高，愈多人參與，」劉鴻徵說明。

最重要的是，滿額贈的免費力量大，對消費者特別有吸引力。就如同小孩買乖乖內附玩具，或者上班族買日本雜誌送贈品，不需付費就能入手，有種佔便宜的快感。再加上不同於集點送，必須等到最後才能拿到，滿額贈是湊到四百元，立刻能擁有。

「吸盤公仔就像 GPS（自動導航），會帶顧客導購，」過去曾主導台灣史上第一個超商滿額贈 Hello Kitty 磁鐵活動的劉鴻徵形容，為了湊到滿額門檻，消費者會在貨架間翻找，還缺哪些商品，也許會發現過去從沒買過的品項。

全聯有一群會員被內部暱稱為「全聯媽媽」，不只買生鮮，連洗髮精、維他命等一切日常所需，統統都在全聯採買，劉鴻徵試圖透過滿額贈提供誘因，讓客人嘗試跨品項採買，發現全聯有他們想要、價格也合理的商品，「希望其他會員也能往全聯媽媽靠攏。」全店行銷的功能不外乎提高客單價、增加來客數和養成客人忠誠度。

全聯設定四百元當滿額門檻的原因不難理解，主要是平均客單價約三百五十元，消費者只要再多買一、兩樣，就能獲得滿額禮，提高客單價之餘，進而拉抬整體業績。另外設計多達二十四款漫威英雄系公仔，則是為了提高客人的到店頻次。

根據全聯統計，會員平均每星期到店一次，藉由滿額贈活動，有心蒐集公仔的會員將更頻繁進店，採購比以往更多商品，甚至把過去習慣到其他通路採購的商品，統統改到全聯買，「在客人反覆蒐集的過程，就能形塑對全聯的忠誠度，」外表看來不拘小節，心思卻縝密無比的劉鴻徵說。

命中小朋友喜愛才是好時機

漫威英雄系列並非全聯首次推出滿額贈，二〇二〇年全聯就曾推出「蔬果總動員」滿額贈。劉鴻徵坦言，當初內部看到蔬果吸盤的畫風，擔心歐美畫風的美學風格，很難被台灣人接受，沒想到原本預計發送五週的蔬果吸盤，第三個星期就送光，還有很多朋友透過關係來要，業績有兩位數成長，「我們很意外會中，後來發現小朋友很喜歡。」

小朋友的世界，大人有時很難理解，美學即是一例，大人以為的醜，小朋友卻超愛，加上玩吸盤「啵啵啵」的聲音，也像按破泡泡包裝紙般療癒紓壓，況且主要用意是為教育孩子吃蔬果，深受媽媽認同，蔬果公仔吸盤的成功，也讓全聯有信心兩年後再推一檔。

這次主題換成兼具市場性和娛樂性的漫威英雄，雖然看過電影的多數是大人，全聯仍大膽將主力客層設定為小朋友，他們是使用者，而購買者則是父母親，「小朋友喜歡，業績才會成長，」劉鴻徵寓意深長地說。

一位本來都在傳統市場買菜的爸爸，每天下班都應六歲念幼兒園大班、熱愛超人的兒子要求，改到全聯採購，多半外食的他們，每次為了湊滿四百元，只好選購單價高又久放不壞的衛生紙、餐巾紙或火鍋料，結帳時再加十元，一次就能帶走兩隻吸盤公仔，連阿公阿嬤也在鄉下幫孫子蒐集。

「我以為小孩只能央求父母幫忙買麥當勞 Hello Kitty 玩偶，沒想到還能主導家庭的日常採購通路，」沒小孩的別蓮蒂不敢置信，驚呼小孩已經少到每個都是寶。顯然大人間負評如潮的公仔品質，對小孩根本不是問題，喜新厭舊的他們，更在意玩具的新鮮感和驚喜感，而全聯這次滿額贈每個包裝的漫威吸盤公仔都不同，就像買福袋或影片彩蛋一樣，光打開那一剎那就充滿期待。

不只是蒐集，不少孩子還樂於拿到學校展示，或和同學交換，公仔也被賦予社交價值，「這就是滿額贈不能選寒暑假，一定要在開學推的原因，」劉鴻徵透露祕訣。

波段操作，善用滑輪力學

做行銷超過三十年的劉鴻徵，有一套自創的「品牌物理學」，他這次巧妙把滑輪力學原理，應用在漫威英雄滿額贈的行銷波段操作上。

滿額贈全店行銷通常至少為期一個月，為了維持活動期間的聲量，必須像操作選戰般，事先做好波段操作規劃，如廣告上檔或賣場活動，就是有中心主軸的「定滑輪」。舉例來說，漫威英雄滿額贈推出前，全聯拍了兩支廣告，第一波廣告集中火力在前兩週強打，用意是洗腦催眠消費者活動開始；第二波的十秒廣告則設定在第五週播放，提醒消費者活動即將結束，再衝最後一波業績。

不同於定滑輪是固定不動的行銷主軸，動滑輪則能帶來省力效果，操盤者必須根據市場即時動態，機動調整戰術，發揮動滑輪效應，才能加速行銷話題發酵擴散。依循劉鴻徵過去經驗，不管滿額贈、集點送或加價購，通常愈到最後階段，愈是活動高潮，業績也會隨之扶搖直上，像滿額贈始祖 Hello kitty 磁鐵活動，剛開始 PSD（單店每日銷售額）才成長二％，最後竟大爆發將近四〇％。

漫威英雄活動一推出就因公仔上色不均及五官錯位造成討論熱度，話題迅速席捲全台，連董事長林敏雄也看到輿論忍不住問他，「公仔品質怎麼會這樣？」劉鴻徵事前就知道，公仔是大量轉印製作，無法像手工塗裝精緻，但製造商和品管是同一家跨國企業，國外卻沒像台灣引起這麼大爭議，「可能台灣做晶圓代工，比較要求品質，」他試圖找理由。

前三天緊盯負評對銷售的效應後，劉鴻徵發現，網友愈是負評，業績反而愈好，第一個星期就成長兩成以上，「網路討論到最後，拿到正常版的反而失落，大家開始比誰拿到的公仔比較醜。」

後來他隱約感覺網路風向似乎在轉變，尤其有家長在網路發聲，「不要給我，我家小孩超愛，」還有人秀出他在吸盤公仔上的 DIY 塗裝，「畫到好也沒那麼容易，放過全聯吧！」等正評，掌控行銷節奏的劉鴻徵立刻決定使出動滑輪操作，在網路回應吸盤公仔新用途的訊息，不但被網友狂讚「有創意」、「超級實用」，還引發網友秀出拿吸盤公仔當時尚耳環、集線器或酒杯標籤的創意，愈回應效應愈大，話題延燒更省力。「先前做蔬果吸盤公仔，就有消費者這樣用，我們已經事先準備好，只是看何時出手，」劉鴻徵不諱言。

外界不知道，十多年前 Hello kitty 磁鐵滿額贈期間，也有過借力使力的動滑輪操作。當年的統一超商策略長、也是現任全聯副董事長謝健南，在其他展場看到 Hello kitty 機器人，靈機一動要劉鴻徵拿來抽獎，如此一來，滿額贈就兼具立即贈和中大獎兩種功能。

為了複製勝利方程式，劉鴻徵這次事前也規劃抽大獎活動，讓蒐集完全套二十四款吸盤公仔的消費者，有機會抽價值六十五萬的真人比例鋼鐵人，為活動最後階段鋪設橋段。

再搭配第五週之後，鼓勵店員在全台各門市舉辦公仔交換大會，給消費者一再來店的動力，不但形塑門市成為社區交誼中心，也讓一開始就衝高的話題和熱度不會欲振乏力，挺住滿額贈活動後期該有的業績水準。

即使是好結果收場，別蓮蒂也提醒，全聯這次靠行銷操作化險為夷，不代表其他業者就能對品質控管掉以輕心，以為靠製造話題就能挺過去。她認為好在過去全聯訴求便宜，消費者對他們的品質要求沒那麼高，勉強還看不出副作用，「長期是否傷害品牌，目前還言之過早。」

創造銷售以外的價值

這些年全聯的全店促銷活動從沒少過，從零食滿四九九元送三百點到過年滿千送八百點，基本上就是折抵或類似百貨公司滿千送百，沒有溢價效果。但客人消費就送吸盤公仔的滿額贈活動不一樣，如果把公仔放到網路上銷售，成本可能五元不到，網路根據美醜不同，可能賣到二十至五十元不等，至少讓消費者賺到十五元的溢價。

對劉鴻徵來說，一旦通路把贈品價值做出來，將比滿額折價更受消費者歡迎。也就是說，滿額贈活動在創造話題、帶動銷售之餘，最主要希望讓客人認定，在全聯消費很有價值，進而成為忠誠顧客。然而最大的風險在於，一旦消費者不愛，贈品就很容易被視為無用之物，這也是各大通路近幾年愈來愈少祭出滿額贈行銷的主要原因。

「因為贈品成本低，又很難想像消費者還想要什麼，廠商不小心就會製造出當下覺得有趣，但之後會反省的贈品，」劉鴻徵坦言，這也容易導致消費者歷經滿額贈活動後，反而認為還是直接折抵比較實在。不過偶爾推出滿額贈，還是能讓入店的消費者感受到歡樂氛圍。

國外經驗+攤提成本，才能降低風險

滿額贈本來就是企業成本支出之一，執行者除了爭取老闆願意在全店行銷模式創新，還必須想辦法降低風險。最好先前能有國外的成功經驗，就像全球品牌或連鎖店的區域測試，可以有效降低風險。舉例來說，Hello kitty 磁鐵集點送就是香港 7-ELEVEN 先做，謝健南到香港看到才讓行銷部評估引進。

「當時全公司沒人看好，台灣好山好水，不會像日本、香港等城市國家般迷戀於蒐集小物，」劉鴻徵卻堅定相信，全球消費逐漸趨於一致，除非有特殊文化使然，否則消費原理應該一致。

全聯二〇二〇年帶動業績成長兩成的蔬果總動員全店滿額贈，也是全聯主管到澳洲超市 Coles 看到，要求行銷團隊引進；而超級英雄總動員除了有國外四家通路的成功經驗，全聯透過合作的跨國行銷公司，得知不管漫威或吸盤，都是在國際市場實測下效果最好的主題和形式，滿額贈的贈品結合兩者，「國外成功，台灣失敗機率就很小，」劉鴻徵堅信。

除此之外，還要想辦法攤提贈品和行銷活動的龐大花費。之前傳出全聯取得迪士尼漫威肖像、周邊商品授權，加上行銷費用的成本將近兩億，「還沒結算，但應該花不到一半，可能只有幾千萬，」劉鴻徵很有信心。

他的信心來自於，供應商事前看好漫威活動對商品銷售的帶動，贊助贈點的不少，消費者滿額再加購公仔的也很多，再加上還同步推出福利點換購，或加價購漫威商品，像足球、雨衣和雨傘等，都能有效攤提行銷成本，關鍵在於「要讓活動銷售增加的利潤，大於活動花費成本。」

值得注意的是，滿額免費贈和加價購聽起來很像，其實概念相差甚大，即使只差一塊，效益卻天差地遠。過去有通路推出加一元，就能獲得迪士尼吊飾的全店行銷活動，沒想到慘賠上億，造成當年度嚴重虧損。

「一元看起來不多，但消費者如果不願意加，參與率就變很低，」劉鴻徵分析，反觀滿額送的贈品，消費者通常會收下來，即使用不到或是不想要，也可能送給需要的親朋好友，就能把活動傳播出去。一旦免費贈品變成媒體，經手的每位客人都是品牌最佳傳播者，這就是滿額贈最大的價值。

（選自天下雜誌 Web only．2022/04/13．文 王一芝）

適時回報你的顧客，
顧客也會給你即時的回報。

——全聯福利中心行銷協理 劉鴻徵

07

全球唯一業態，連鎖早餐店形象升級的方法

煎台內移、工業風裝潢，從媽媽到暖男的人設轉型

很難想像，在台灣隨處可見的連鎖早餐店，竟然是全世界獨一無二的業態。「你看全世界有哪個國家有早餐店？」台灣流通教父徐重仁，曾問連鎖早餐店麥味登所屬的揚秦國際董事長卓靖倫。為回答父親好友徐重仁的提問，卓靖倫花了一年走訪美國、中國和東南亞，確定答案，「沒有！」

早餐是美國麥當勞的第二營業時段，中國只有賣三明治的餐車，馬來西亞專賣肉骨茶，香港則是飲茶，唯在台灣能買到現點現做、熱騰騰，還中西式一應俱全的早

餐。如此獨特的早餐店，卻是台灣品質最參差不齊的連鎖加盟業。主要是連鎖早餐店操作簡單，進入門檻低，但餐點樣式太複雜，很難一致化。

擁有破千店的本土早餐一哥早安美芝城協理林柏均分析，連鎖早餐各品牌之間的差異不大，販售的餐點也大同小異。由於消費者分配在早餐的預算有限，以往總部缺乏動力經營品牌，對加盟主而言，總部只有供貨功能，很難有效制約。「大家都認為早餐店很好做，其實不太好做，」一身為早安美芝城創辦人李松田的大女婿，林柏均已被授權負責重大決策和執行，如火如荼地進行早安美芝城的品牌升級。

直到二〇一四年，卓靖倫率先改造麥味登，以咖啡廳模式販售早午餐。二〇二〇年底還帶領八百位加盟主興櫃，成為國內早餐第一股，引發近幾年連鎖早餐品牌的轉型風潮。

在殺雞場長大，跟「人」講話真幸福

剛過四十歲的卓靖倫，其實是知名電宰雞肉商超秦的二代接班人，從小在殺雞場長大。「當時住在工廠樓上，樓下在殺雞，我們在樓上喝雞湯、吃雞心，」卓靖倫說。

超秦是他父親卓元裕因應肯德基進入台灣，成立的第一間家禽電動屠宰場。當時超秦不只供貨給肯德基、麥當勞，也是卓元裕友人所經營的麥味登最大雞肉供貨商。一九九三年麥味登積欠超秦上千萬貨款，卓元裕乾脆併購麥味登。後來準備上市，才把麥味登、炸雞大獅切出，二〇一五年成立揚秦國際，由卓靖倫負責營運。

提到卓靖倫，不只徐重仁，幾乎接觸過的人都誇他「認真」，善於溝通和傾聽，因為「我爸說如果麥味登做不好，就回來殺雞，」卓靖倫開玩笑回答。高中以前都在家幫忙掛雞、分切雞肉的卓靖倫回想，殺雞是很辛苦的行業，身處十二度以下的冷藏室，只能不斷重複掛雞或拆胸肉的動作，「雞不會跟你講話，身邊的外籍移工又語言不通，關三個月、半年，真的會懷疑人生，」說話偶爾參雜一、兩句台語的卓靖倫坦言，現在能天天跟員工、加盟主談話，是他求之不得的機會。

早餐業界一致認為，麥味登母公司超秦擁有雞肉屠宰工廠，透過上下游整合，加盟主向總部進貨雞肉的成本低，擁有其他連鎖早餐店取代不了的優勢。

「麥味登母公司揚秦國際財報上的營收是十五億，但背後代表的不只十五億，」亞太行銷數位轉型聯盟協會理事長、揚秦國際獨董高端訓透露，十五億只是麥味登銷售產品和直營店的收入，如果加上加盟店營收，數目相當可觀。《天下雜誌》特別專訪卓靖倫，探究他如何把最難一致化經營的加盟連鎖，推上興櫃早餐第一股。

暖男人設，重新定位早餐店形象

卓元裕接手麥味登後，都交由專業經理人打理，直到獨子卓靖倫二〇〇七年進入超秦，從麥味登營業專員做起，花了四年晉升為副總，才讓他接班。他接班的第一件事就是砍掉旗下品牌，先專一、強大後再做其他品牌。

原本，麥味登每年新創一個品牌。看到咖啡店一間一間開，就成立咖啡簡餐品牌「三言兩語」；順應手搖飲風潮，也開設「冰堂」；看好鹹酥雞是台灣國民零食，又能延續母公司優勢，便創立「炸雞大獅」。結果同批業務人力不堪負荷，「更重要的是認同，如果連自己都不認同品牌，消費者怎麼可能感動？」卓靖倫反問。接班後的卓靖倫把三言兩語和冰堂全收掉，專心經營麥味登，「品牌一定要先專一，強大了之後，再來做其他品牌。」

卓靖倫接手前，台灣從南到北一千三百家麥味登，為了凝聚加盟主的向心力，二〇一四年前卓靖倫大刀闊斧替這個只比他年紀小幾歲的連鎖早餐店，進行品牌轉型和升級。

有別於原本強調的媽媽心，要消費者早睡早起，吃一頓她親手現做營養豐盛又好吃的早餐，卓靖倫將品牌人設改成三十歲的「暖男」。因為「未來的早午餐是全客製化的市場，」他預測。

為了符合新暖男形象，早餐店常見的外置煎台被卓靖倫移到廚房，油煙才不至沾染等待取餐的客人，內用座位區以深綠配黑牆，搭配木質地板及桌椅，打造低調輕工業風的咖啡廳風格，透過暈黃燈光的照射，營造出溫暖感覺。「新店型跳脫既定早餐店的框架，每次店面改裝完，業績都會成長三成，」七十八年次的桃園龍潭加盟主張靚說，他們已配合總部改裝五次。

除了延長供餐時間，卓靖倫也進一步把服務擴大。早在新冠疫情發生之前，卓靖倫為了節省排隊時間，首創「ToGo」店型，讓消費者從保溫箱拿了就走；二〇二一年五月因為疫情三級警戒禁內用，為了不讓消費者忘記麥味登，還推出「回家煮晚餐」，開放消費者 app 線上挑選食材，到店取完貨就能回家煮晚餐。

一家早餐店打出「回家煮晚餐」文宣廣告，光想像就衝突感十足，「和這不是肯德基的廣告一樣，消費者一看就知道是肯德基，」卓靖倫笑著說。連鎖加盟促進協會秘書長廖育珩觀察，目前台灣大街小巷的早餐店，幾乎都在門口設置「ToGo」區，方便消費者拿了就走，「這絕對是麥味登首創，進而帶動產業的風潮。」

食材、醬包到吐司機一致化

品質一致化，理應是連鎖加盟業再基本不過的要求，但到了早餐店，卻成為一種苛求。主要原因是，加盟主備料或烹煮過程時間、手法或環境的差異，容易讓一致化變調。

卓靖倫每次到門市巡店，最容易被加盟主抽考，「Allen，喝喝看我的紅茶，跟別人有什麼不一樣？」答案不是他多悶十分鐘，就是自作主張調整火候，導致同樣是紅茶，八百家分店的風味各有不同。再加上食材品項千百樣，從荷包蛋、蘿蔔糕到蛋餅，還有沙拉、漢堡到鐵板麵，讓備料成為早餐加盟主最沉重的負荷。

卓靖倫高中之後的求學階段，上課前都會到麥味登門市打工，對備料的辛苦感同身受。他最痛恨冬天早起煮義大利麵，光燒水、煮麵、吹涼和分裝四步驟，就耗掉加盟主至少三分之一的營業時間。要是忙招呼客人忘了關火，讓鍋裡的滾水溢出來，就會水淹龍王廟，又得花不少時間清理。

卓靖倫最常被派去切吐司。以前總部送來的吐司都是一長條，加盟主得自己切片，技術不好的他，經常不小心切到手流血，「直到發現麵包變紅色，還以為打翻番茄醬。」也因為要備料，不少早餐店雖然只營業到十一點，往往得忙到下午兩、三點，才能拉下鐵門休息。

卓靖倫在超秦供貨給速食業時，親眼見識到他們對規格和標準一致化的嚴格要求，決定透過產品定量和統一設備，讓八百多家店品質一致化。他把絕大部分的備料工作，從門市拉回中央工廠，並將所有食材，包括醬料都分裝，再配送到門市。加盟主在門市只要剪開包材，按照SOP烹煮，就不至於出現麵心沒熟透、醬料太少的客戶抱怨。

卓靖倫說，他不把多出來的包材當作成本，而是教育訓練的投資，「加盟主每一次剪袋，都是一次對品牌的認同，何樂而不為？」他也統一採購加盟主的設備，像是咖啡機、煮茶機等。卓靖倫也為了吐司升級加厚，忙著把吐司機從單層換成雙層，如此一來，吐司機的胃納量從原來的四片增加到十五片，烘烤時間也縮短到三十秒至一分鐘完成。

開發 app 解決加盟主痛點

高端訓觀察，卓靖倫是非常有數位概念的企業二代，對數位轉型充滿興趣，「他深刻認知，未來企業如果不走品牌加數據，恐怕會沒命。」

麥味登花了七年推出三個 app，對卓靖倫來說，數位化最主要的功能是，解決加盟主的痛點。舉凡進貨盤點、人員排班、銷售狀況或商圈選點，都能靠麥味登為加盟主設計的 app，提升即時管理能力，讓表現優異的加盟主，更有意願開第二、三家店。

另一個針對消費者設計的 app 系統，則為了協助加盟主與消費者溝通。舉例來說，要是加盟店當天銷售業績不如以往，app 將自動發送訊息給附近會員，鼓勵他們到店消費。加盟主也能主動傳送優惠或營業時間調整的訊息給熟客。

至於總部 app，能夠讓區域督導不須到店，也能隨時掌控加盟主的訂貨及銷售狀況，控管食安品質。為了分析三大 app 系統蒐集來的數據，卓靖倫幾年前就在內部成立「大數據加值中心」，找出流程及管理的盲點，提供總部調整 SOP 參考。

高端訓印象很深刻，麥味登原來的菜單羅列了兩百多道餐點，有趣的是，有些門市的菜單還略有差異。麥味登後來透過大數據，分析每道菜帶來的營收，列出餐點排行榜，簡化之後，目前的菜單只剩一百一十道，更容易管理，業績也並未因此減少。

「把消費者最有感的事，做在最前面，不要等，」卓靖倫早在二〇一七年就與 Pi 行動錢包合作，讓消費在手機點餐、結帳，到店直接取餐不用等。疫情尚未發生的二〇一九年，更以優惠的抽成和四大外送平台簽約，讓加盟主在過去兩年的疫情下，無後顧之憂進行外送服務。

用八成時間經營兩成認同者

卓靖倫待在門市的時間比總部多。接班以來，卓靖倫如果不在桃園總部，就是在門市，不然，就是在前往門市的路上。

他一天跑三至五家門市，一年三百六十五天，至少能跑三百家門市，「問題不會出現在總部，都出現在門市，我們後勤單位的工作重點只有一個，就是解決門市的問題，其他都是假議題，」他直率地說，像新店型吧台的設計不好用，或門口排隊動線不順，都不是人待在總部會發現的問題。

卓靖倫喜歡到門市，一對一和加盟主近距離溝通，獲得的回饋也最真實。上行下效，卓靖倫下面一票主管，也是天天跑門市，「他們發現的問題癥結，或是提出的改善方法，我都要再去確認。」一般人都會到表現差強人意的門市，輔導加盟主向上提升，但卓靖倫反其道而行，把加盟主中的好學生們列為造訪和加強輔導的第一順位。

揚秦興櫃之前，高達七、八成股份都掌控在家族的叔伯手上，他們對卓靖倫最多的微詞，就是不處理那幾個抱怨、意見很多的加盟主。「我的時間有限，資源必須有效分配，」卓靖倫解釋，也因此他把八〇%的時間，用來加強二〇%表現優異加盟主的認同感。

他的用意很簡單，透過近距離輔導和肯定，甚至放大成功模式，讓認同者更加認同，就會更投入經營事業，進而提高績效，品管愈趨一致，消費者也會更滿意，甚至進一步協助品牌推廣，讓認同者逐漸擴大。至於不認同的加盟主，卓靖倫寧可讓他們離開，也不願花時間爭取他們的認同，「我們做的是認同者的創業，如果加盟主不認同，還一直塞給他，真的沒意義。」

店數大砍，營收卻年年成長

卓靖倫的堅持，也從營收數據獲得印證。麥味登全盛時期，店數曾多達一千三百家，卓靖倫進行品牌改造後，腰斬近一半，剩下七百九十家，至今才逐漸恢復到八百多家，但從二〇一六年到現在，營收卻不受店數影響，反而年年成長，代表他經營認同者的策略奏效。

二〇二二年開始，卓靖倫鼓勵八百多位認同品牌的加盟主開第二家店，「屆時就像有兩個倉庫，存貨可以互相調整，人員也能調度，管理成本自然降低，」如此一來，也能快速達成卓靖倫在台灣開到兩千家店的目標。

下一步，雖然旗下炸雞大獅已在海外展店，但對曾在中國戰場鎩羽而歸的麥味登來說，跨出台灣的挑戰仍大。「我不認為只有小籠包和珍珠奶茶能代表台灣走上國際，」卓靖倫談話中有掩不住想開疆闢土、打下一片江山的企圖心，「如果麥味登成為 Breakfast 或 Brunch 代名詞，就像捷安特等於腳踏車一樣，那麼我就真的能榮耀父母了。」（選自天下雜誌 Web only・2022/02/24・文王一芝）

> 服務業重視的是人與人連結，
> 善用接觸點，讓我們與眾不同。
>
> ——揚秦國際董事長 卓靖倫

08

不只方便快速，也要給客人總統級服務

授權員工自由發揮，提供超出基本的加值體驗

Chick-fil-A，一間超過五十年歷史的美國連鎖速食店，近年正默默崛起。全美兩千六百多間分店、二〇二〇年營收超過一三七億美元（約三八一四億台幣），躋身全美第三大連鎖速食餐廳，僅次於麥當勞和星巴克。

更厲害的是，Chick-fil-A已經連續七年獲得美國顧客滿意度指數（ACSI）速食類第一名。這間主打雞肉三明治的速食店是什麼來頭？又如何顛覆速食店只追求方便快速、不要求服務的印象？

用總統級服務對待顧客

當創辦人凱西（Samuel Truett Cathy）一九四六年開設第一家餐廳「矮人之家」（Dwarf House）時，就決定要把「顧客服務」擺在第一位。因為當他十幾歲擔任送報員時，就將每戶人家當成如州長官邸一樣重要，小心翼翼將報紙放在顯眼且乾燥的位置，避免被雨淋濕或被風吹進草叢。他忘不了每當顧客見到他時，回贈的滿意微笑。

凱西從小就深刻體會到顧客服務的重要，也因此當他長大開餐廳，聽聞顧客住院或親人去世的消息，他總會主動送上餐食慰問。隨著事業擴展，他總一再告訴加盟主及員工，要把每位顧客當成總統。因為當總統走進店裡，服務人員的聲音和表情都會改變，將盡力安排一張最乾淨的桌子、提供最親切的服務。「如果我們願意為總統這樣做，為什麼不用同樣標準面對每一位顧客？」

服務至上的企業文化建立後，Chick-fil-A另一個成長關鍵，是發展雞肉商品。一九六七年，凱西因為開發出雞肉三明治再度創業，在亞特蘭大開了第一家專賣雞肉的速食店Chick-fil-A。相較於美國麥當勞和漢堡王主打牛肉漢堡，Chick-fil-A則主推雞肉三明治。品牌名稱Chick是雞肉，而fil-A則是指品質是A級。

一九九五年，Chick-fil-A推出的新吉祥物是一頭可愛的公乳牛（公乳牛是肉牛的來源之一），而宣傳標語是，多吃雞肉！希望藉由公乳牛可憐形象，呼籲消費者不要吃牛肉，從此品牌印象便深植消費者心中。

如今更應驗了Chick-fil-A押注雞肉，是正確的選擇。因為他開速食店二十年後，美國人均食用牛肉與雞肉量產生黃金交叉，吃雞多於吃牛。根據美國農業部統計，二〇一八年人均食用六十五．二磅雞肉，而牛肉為五十四．六磅。這樣消費趨勢，迫使主攻牛肉的麥當勞和漢堡王，不得不在二〇二一年推出雞肉三明治來應戰，而坐享其成的Chick-fil-A，則保持每年一〇%的營收成長率。究竟Chick-fil-A憑什麼靠好服務擴張並帶來業績？

打破速食店沒有貴賓服務的印象

當你向 Chick-fil-A 店員道謝時，他們不說「不客氣」，而是「我的榮幸」；下大雨的日子，店員會撐傘護送兩手抱著餐點的顧客上車；家庭客透過得來速點餐後，店員會事先安排座位，將兒童桌椅和餐點擺放整齊，爸媽無須擔心在顧小孩與找座位的過程中，打翻托盤中的飲料。

客戶服務在 Chick-fil-A 宛如一門科學，從如何和客人打招呼、說再見，到觀察肢體動作判斷客人的情緒等，都有詳細的教學。例如建議店員不要只用「嗨」、「你好」來開頭，而是要設法延續對話：「歡迎來到 Chick-fil-A，請問你需要什麼服務？」等等。

除了教導店員與顧客眼神接觸、保持笑容、語調熱情等基本原則，Chick-fil-A 餐廳體驗副總裁法爾門（David Farmer）分享，更多時候餐廳授權給員工，讓他們面對突發狀況時能自由發揮，提供超出基本要求的加值服務。

例如，二〇一八年北卡羅萊州的店員威金斯（Robert Wilkins），下班時發現停車場內的顧客，因為輪胎漏氣而不知所措，他主動上前幫忙更換備胎。德州的店員韓德森（Marcus Henderson）將顧客遺漏的三美元放進信封隨身攜帶，三週後該名顧客再次上門時主動歸還。

Chick-fil-A的服務哲學，建立極高的客戶忠誠度，更成為許多機構的研究案例。KPMG將Chick-fil-A選為二〇二〇年最佳客戶體驗企業第三名，甚至連夏洛特地方警局也受到啟發，今年還找顧問公司合作開設課程，希望訓練警員能像Chick-fil-A的店員一樣，與民眾產生良好互動。

尋找最頂尖的加盟主

凱西很清楚，要讓每間分店都維持高水準服務，經營者扮演非常重要的角色，因此Chick-fil-A篩選加盟主條件非常嚴格，比錄取哈佛大學還困難。Chick-fil-A公共關係副總裁庫蘭德（Carrie Kurlander）透露，總部每年會收到四萬份加盟申請書，但最終只有一百到一百一十五人錄取，錄取率不到〇．三%，而哈佛大學二〇二〇年的錄取率是四．六%。

不僅錄取率低，Chick-fil-A對加盟主的規範也相當嚴格。麥當勞每個加盟主平均經營六間店，但Chick-fil-A每個加盟主，只能經營一至兩間分店，還必須親自在店內工作，更不能擁有其他副業。「我們非常謹慎地選擇加盟主，我們相信這種模式，才能確保顧客接受最好的服務與體驗，」庫蘭德說。

加盟主的面試時間長達一年，錄取後加盟主還要花六週參加培訓課程，學習做雞肉三明治以及法律、財會課程，並分發到各分店「實習」。

Chick-fil-A加盟主的共通點是強大領導能力，以及願意花心力在事業營運和社區耕耘。這些加盟主中，六成曾在Chick-fil-A工作，其餘則來自不同行業，包括軍職、製造業、律師、教育到醫療業等，最年輕的加盟主甚至只有二十四歲。

事實上，Chick-fil-A加盟制度相當特殊，總公司負責選址並握有分店的所有權，包含土地、建物和設備皆由總公司出資。加盟主不須擔心資本投入的門檻，但也不握有股份，並繳交營收的百分之十五及一半的淨利給總公司，也不能出售或傳承給後代。加盟條件看似嚴苛，但由於初期不用出資，對沒有繼承祖產的一般人而言，相當有吸引力。這項制度讓Chick-fil-A對加盟店握有高度掌握權，也能確保服務品質不會因為擴張而下滑。

用簡單菜單創造高坪效

Chick-fil-A的服務還以極高的餐點準確率聞名，祕訣就是，讓菜單與原料保持單純，這祕訣看似簡單，卻相當有效。根據《華爾街日報》二〇一九年報導，分析三大速食店的招牌產品原料，麥當勞的大麥克擁有七項原料、漢堡王的華堡有八項，Chick-fil-A的雞肉三明治只有四項：麵包、雞肉、醃小黃瓜及奶油，原料相對少了一半以上。

另外，在推出新產品的頻率上，更可以看到明顯差距。麥當勞平均一年推出四十九種限量或永久新產品，漢堡王是三十七種，而Chick-fil-A則只有十二種。更換菜單能吸引新客群、製造話題，但也有缺點，就是會破壞廚房運作的穩定性，當產品複雜度提升，更會拖累出餐效率。而提供消費者愈多的選擇，不但會拉長點餐時間，更增加備餐錯誤的風險，這對速食業者而言是致命傷。

麥當勞就吃過虧，二〇一七年麥當勞推出三款價格較高的特級漢堡，希望能在速食產業中做出差異化，沒想到隔年客流量反而下降了二．二%，原因正是這些漢堡製作太複雜，增加點餐及備餐時間。二〇一九年麥當勞就從菜單中剔除了特級漢堡。Chick-fil-A 專注做好招牌雞肉三明治，簡單卻創造了高收益，單店平均年營收四百五十萬美元（約一．二五億台幣），是麥當勞的一．五倍。

建立根深柢固的企業文化

二〇一九年超級盃，新英格蘭愛國者隊與洛杉磯公羊隊在亞特蘭大賓士體育場展開激烈對抗。面對年度盛事，體育場內的所有餐館磨刀霍霍，準備從全場七萬球迷荷包中大撈一筆，唯獨 Chick-fil-A 關上大門，原因是：當天是週日。

事實上所有的 Chick-fil-A 在週日都不營業，因為創辦人凱西是非常虔誠的南方浸信會教徒，堅信週日必須讓員工陪伴家人朋友，上教堂做禮拜。宗教主導企業文化，在美國並不少見。快時尚品牌 Forever 21 和漢堡店 In-N-Out Burger 會在包裝袋印上聖經，而萬豪酒店家族具有摩門教背景，不僅酒店抽屜會放置摩門教聖經，更在二〇一一年後全面剔除客房內的色情節目。

宗教打造的企業文化，能徹底發揮影響力，同時也是把雙面刃。Chick-fil-A 現任董事長、也是創辦人的兒子丹．凱西（Dan Truett Cathy）就曾發表反同言論，並捐款給三個主張反同的基督教團體，引發社會反彈後，才緊急宣布停止。

不可否認，Chick-fil-A 引以為傲的服務精神源自於聖經，如同官網上所描述的企業文化價值：成為一個被託付責任、充滿信念的服務者來榮耀上帝，並對所有和 Chick-fil-A 接觸的人們產生正向影響。只是隨著社會更加開放多元，Chick-fil-A 也正逐漸淡化宗教在企業中的色彩。

無論如何，Chick-fil-A 的成功證明一件事，好服務的確能帶來業績，更是服務業發展不可缺少的關鍵。

（選自天下雜誌 Web only．2021/08/18．文 楊孟軒）

如果我們願意為總統這樣做，
為什麼不用同樣標準面對每一位顧客？

——Chick-fil-A 創辦人 Samuel Truett Cathy

09

挺過食安危機的四個數位場景

會員制、遊戲化、善用社群、實現虛擬願望

美國加州聖塔安娜馬路旁，不時有轎車轉進一間大型商場側邊的小路，不到半分鐘又從另一邊離開。唯一不同的是，車裡多了好幾袋熱騰騰的墨西哥捲餅、炸玉米餅。這不是麥當勞得來速，而是美國慢速食始祖「奇波雷」（Chipotle Mexican Grill）的開車取餐設施「奇波路」（Chipotlane）。

奇波路沒有菜單板、點餐員，僅一個窗戶直通出餐廚房。飢腸轆轆的消費者，先在手機上選搭自己要的捲餅、沙拉，看要搭雞肉，還是加上一勺酪梨醬。接著，他們

在指定時間抵達。煞車、取餐、踩油門，最快十二秒就能走人。

不同於麥當勞、漢堡王等主流速食店，奇波雷標榜只賣「正直的食物」（Food with integrity）——在地食材、有機無添加、良心生產的肉品。也因此在奇波雷廚房，你找不到冷凍庫或開罐器。

根據花旗投資研究統計，這家只用真食材、堅持現點現做、又高單價的墨西哥捲餅速食餐廳，平均客單價落在十一美元（約三百三十元台幣），是麥當勞、漢堡王、墨西哥速食塔可鐘的兩倍之多。但二〇〇六年，奇波雷卻創下美國六年來最強 IPO（首次公開發行），上市當日股價飆漲一百%，當年股價漲三千%。奇波雷打破了速食是垃圾食物的刻板印象，也證明只要有價值，即使貴一點消費者也樂意接受。

奇波雷的巔峰是二〇一五年，在全美共有超過兩千家門店，每天有一百五十萬人至奇波雷用餐，公司價值來到兩百四十億美元。就連奇波雷創辦人埃爾斯（Steve Ells）也萬萬沒想到，這家用來籌措他開高檔餐廳資金的連鎖速食餐廳，生意竟好到讓他無暇想到最初的夢想。

只不過，二〇一五年開始，奇波雷相繼爆發與大腸桿菌有關的食安危機，有五百多人在奇波雷用餐後食物中毒，瞬間讓主打新鮮、優質食材的奇波雷誠信受創，營收也掉了三分之一。很多人以為，奇波雷可能就此一蹶不振。

沒想到奇波雷竟在疫情間逆勢成長，二〇二一年營收成長二十六%至七十五億美元，比速食龍頭麥當勞二十一%還高，一躍而上成為《Fortune》五百大企業之一。奇波雷上線不到三年的會員系統，人數也已突破兩千七百萬，超車星巴克，而原本只佔營收十%的線上訂單，更拉升到四十%。

如今奇波雷過半的消費者，全是所有品牌最想要攏絡的千禧世代或Z世代。根據派傑投資公司最新發布的調查，奇波雷在Z世代的心佔率有十四%，高過麥當勞四%。在高收入家庭的Z世代成員中，奇波雷在二〇二二年更首度超越星巴克，坐穩心佔率第二名，僅次於炸雞店Chick-fil-A。

逆轉奇波雷的關鍵人物，就是二〇一八年從埃爾斯手中接下執行長的尼可（Brian Niccol）。臉上總是掛著半月型微笑的尼可，前一個工作正是奇波雷死對頭塔可鐘的執行長。塔可鐘以超低價的墨西哥速食聞名，以至於尼可一上任，就讓不少人為奇波雷的餐點捏把冷汗。奇波雷的財務長憶起，當時身邊每個人都警告他，「千萬別讓他（尼可）動你們的食物。」但比起菜單與食材，尼可更想玩行銷。

行銷出身的尼可，一開始就在寶潔（P&G）推出「可堆疊」的品客洋芋片盒，替老牌零食賦予新生命。二〇〇五年加入百勝餐飲集團（Yum! Brands）後，尼可一路做到必勝客總經理。當全球只有紐西蘭一家比薩店在做線上訂餐時，尼可下令美國必勝客設置線上點餐系統，因為他看見兩個優勢：準確、方便。

在塔可鐘七年間，尼可同樣靠著前瞻的行銷策略，如雇用實習生來經營社交平台Snapchat、與服飾品Forever 21合作推出聯名T恤等，將塔可鐘從食安醜聞中救回。也難怪二〇一八年接下名聲掃地的奇波雷，尼可不急不慌地宣布，「奇波雷過去太安靜，接下來，我們會瘋狂地讓它被看見。」不賣早餐、不研發冷凍食品，也沒推套餐的尼可，如何在疫情下透過四種行銷策略，讓奇波雷重獲消費者的青睞？

讓點餐變成特權的會員制

首先，奇波雷把會員「點餐」變成一種特權，只要成為會員，就能幫自己的捲餅組合命名，還能點到跟明星運動員一樣的餐點。

早在二〇一九年初，奇波雷就上線 app 與網站會員系統，比疫情間才匆匆推出「忠誠計劃」（loyalty program）的麥當勞、漢堡王，足足提前兩年。除了能收集與分析消費者輪廓，更透過各種互動、會員制度設置，拉近與其距離。

擁有五十三種食材的奇波雷，宣稱菜單上共有超過六萬五千種配對組合，即使是常客，門市店員也不可能記住消費者的「老樣子」點單，但數位會員系統卻辦得到，只要在 app 幫自己的餐點命名並儲存，就能簡化每次點餐的流程與時間。再者，比同業較少推出新餐點的奇波雷，一定讓會員最先點到新品，不管是辣雞胸，還是起司薄餅，若你不加會員，有錢也點不了。

app 上更有明星、網紅、運動員私藏的餐點組合，像美國滑板選手伊頓（Jagger Eaton）喜歡牛排、白米、加上辣莎莎醬的捲餅；WNBA 籃球員歐古米克（Nneka Ogwumike）偏愛加黑豆、糙米、三色椒的捲餅碗；遊戲主播雅各布斯（Karl Jacobs）邊打遊戲邊吃的是，包著烤雞與白乳酪的捲餅。只要消費者願意，都能按照名流們的晚餐調配，就像加入某種私密俱樂部。而其中最受奇波雷會員歡迎的，則是 app 中的「酪梨模式」。

酪梨被譽為是「最千禧世代」的食物，與奇波雷想要追尋的健康、天然的形象不謀而合，也是奇波雷少數需要加價購的配料。二〇二〇年二月，奇波雷首度限時十天，開放會員加入「酪梨模式」，那一整年，奇波雷不定時啟動「酪梨模式」，讓曾取得這個模式的人，在購買主餐時免費加入酪梨醬。光二〇二〇年，奇波雷就多「送出」七百萬份免費酪梨醬，成功拉高數位訂單量。

遊戲化購買體驗，越挑戰越好玩

奇波雷喜歡不定時給會員挑戰任務，像兩小時內到實體門店打卡，嘗試用外送、自取等不同方式取餐，或玩一場線上賽車，完成就能獲得點數或特殊勳章。這些特殊勳章，有時能當成點數換餐點、周邊產品，或變成現金捐給特定慈善機構，但多數時候並沒有用處。不過這種未知的驚喜感和遊戲化的購買體驗，總吸引會員一次又一次不斷闖關。

跟著尼可一起加入奇波雷的行銷總監布蘭特（Chris Brandt）透露，「持續更新會員系統，才能讓這個社群保持活力。我們的目標是『遊戲化』消費體驗。」

走出自家app，奇波雷聲量最大的地方是抖音。奇波雷也是最早踏入這個Z世代社交平台的品牌，最擅長激起消費者的表現慾。奇波雷抓緊了年輕世代對參與感的渴求，只要丟出一個挑戰，不用拍廣告、寫文案，網友們自己會瘋狂上演一場「適者生存」的流量生存秀。

舉例來說，二〇一九年七月底，抖音出現二十五萬則標註著「#GuacDance challenge」（酪梨舞挑戰）的短影音，影片中，人們對著一首不斷重複「酪梨」的洗腦兒歌左右搖擺，六天的播放次數就高達四千三百萬。

消費者也從這些短影音獲知，只要七月三十一日世界酪梨日在奇波雷app或網站下訂購主餐，就能免費加酪梨醬。也因此活動當日多了七千五百張衝著酪梨醬來的訂單，帶動單日營收成長六十八%，寫下了美國抖音有史以來最高的行銷成效。

另一次，奇波雷釋出「#ChipotleLidFlip」（奇波雷翻蓋）挑戰，看誰最會翻奇波雷的餐盤蓋子。看似無腦的戰帖，卻引來十一萬個影音投稿，匯集一．〇四億個觀看次數。奇波雷深信，有吸引力的內容，自己會跑出生命。

不買廣告也能引起話題

球賽、奧運等體育賽事始終是品牌獲得關注的好舞台，但奇波雷就算不贊助、不買廣告，也有辦法引起消費者注意。二〇一九年NBA決賽，奇波雷只用推特就玩出新招。「free」本來就有免費、自由的意思，而籃球賽中，每次「罰球」（free throw）與「自由球員」（free agent）同樣也會用到「free」，也因此每次決賽廣播員說到「free」這個關鍵詞，奇波雷就會在推特即時分享一組捲餅兌換碼，觀眾只要把兌換碼傳送到指定號碼，動作夠快的前幾名，就能領取免費捲餅。

隔年的超級盃（SuperBowl），奇波雷又在抖音上釋出「#TikTokTimeout」（抖音休息時間）挑戰，看誰能以小賈斯汀演唱的「Yummy」作為背景音樂，拍出最有趣的奇波雷外送短影音。最後共有超過九千五百萬人參與和觀看有此標注的短影音，包括小賈斯汀本人也參與其中。通常光超級盃三十秒的廣告時段，就要價五百六十萬美元，奇波雷等於省下巨額廣告費。

把消費者的虛擬奇想變真實

被《Forbes》譽為美國餐飲業的「科技先驅」的奇波雷，也有本事把消費者在虛擬世界的奇想變成真實。

二〇二一年八月，奇波雷為了回應網友評論，「香菜吃起來像香皂，」特地上傳了一張「香菜香皂」的合成照。十二月底，奇波雷還真的把香菜肥皂做出來，而要價八美元（兩百四十元台幣）的香菜香皂，一天內就售罄。奇波雷看似無釐頭的舉動，藏著對消費者的重視。

布蘭特說，「現在，數位內容也能成為真實的體驗。香菜香皂只是回應這個趨勢，」從那以後，消費者知道，網路上任何與奇波雷的玩笑與互動，奇波雷不僅都聽得到，也會認真看待，搞不好還能變成實體產品。

元宇宙興起後，奇波雷也跑在最前面蓋出虛擬堡壘，並在上面與消費者互動，「我們走向消費者，在他們已經在的地方與他們見面，」布蘭特說。

每年萬聖節，消費者只要盛裝打扮到奇波雷門市點餐，就能享有打折。疫情下的二〇二一年，奇波雷延續往年傳統，在遊戲世界Roblox開了一家捲餅店，讓玩家同樣能在萬聖節扮裝到店裡，拿兌換碼換免費捲餅，期間至少有五百萬名玩家到店。

二〇二二年奇波雷更在同一個平台推出捲餅櫃台，讓玩家自己組合捲餅，獲得的遊戲點數，也能免費兌換真正的捲餅。票選獲勝的組合，甚至能登上奇波雷實體菜單。「這是有史以來首個元宇宙創造的實體餐點，」布蘭特宣稱。

想與消費者溝通，就得多說。尼可說，「我們永遠不知道下一個轉角是什麼，有時候也會轉錯方向。唯有做了，才能知道，」接下來，奇波雷也打算開放虛擬貨幣作為支付選項。

實體也得跟上，本質是賣出好食物

「對餐飲業來說，好吃、高品質的食物與體驗，仍是最重要，」尼可表示。正是因為奇波雷已經擁有無懈可擊的產品，數位行銷帶來的影響力，才能持續轉換成訂單。

為了避免實體店無法一次消化完如雪片般湧進的數位訂單，尼可就任後的第一件事，就是帶領奇波雷安裝得來速「奇波路」取餐設備，也在實體門市設置第二條廚房產線，確保線上訂單與實體點餐互不干擾。

尼可要讓消費者不管在最新的元宇宙遊戲世界、抖音、app，還是實體門市，不只看見奇波雷，還能馬上吃到。

（選自天下雜誌 Web only・2022/06/15・文 羅璿）

對餐飲業來說，好吃、高品質的食物與體驗，仍是最重要。

——奇波雷首席執行長 Brian Niccol

10

減少人工作業，同時做到不讓客人等！

在風險控管下，彈性調整流程，解決客人問題

台灣有以服務打動客人，讓客人超乎想像的企業嗎？「有，淡水一信，」人稱「蘇老師」的高雄餐旅大學旅館管理系教授蘇國垚肯定地說。

服務業很少有人不認識蘇國垚，他曾在台中永豐棧酒店當總經理，當年是國內五星級飯店最年輕的總經理，一度被當成飯店教父嚴長壽的接班人。過去近二十年，他都在高雄餐飲學校教書，也試圖透過演講，影響在台灣從事服務的各行各業，被嚴長壽稱為「台灣服務界的大老師」。

「你說它太多，眉角又拿捏得剛剛好；你說它太土，我不能忍受的事也沒有發生，」蘇國垚解釋，他如此肯定淡水一信的原因。

蘇國垚永豐棧酒店的人資部同事施恩新，十幾年前看上外來觀光人潮全台第二的淡水，在老街底開了一家香氛甜點店，賣香皂和霜淇淋。一開始附近幾家銀行不看好她又欺生，找了不同理由，就是不協助她辦理支票存款戶頭，唯有淡水一信樂意為她服務。

開戶申請表寫到一半，腦袋突然閃過一個念頭，她抬頭問服務人員，「你們有網路銀行嗎？」中年服務人員一派輕鬆回，「施小姐，您不用擔心，我們的網路銀行快好了，」至於何時推出，他只說「快了快了」，沒有明確答案。

正當家住台中的施恩新，準備把申請表格收回來，偷偷轉身離開，敏銳的服務人員立刻笑著問她，非要網路銀行的原因。「您的店就在老街上，如果沒空過來，打通電話，我們馬上過去，很方便的，」服務人員體貼地說。辦完開戶手續，服務人員還特別送上讀卡機，「等網路銀行推出，您就能馬上使用。」

服務人員送施恩新到門口邊問她，「看您的地址，似乎不是淡水人，您的店何時開幕？沒有人手的話，我們可以過去幫忙，」施恩新委婉拒絕，但內心一股莫名的感動油然而生。

「您真的不用客氣，有需要跟我說一聲，」服務人員掩不住的熱情，又像想起什麼，「啊，需不需要椅子，如果桌椅不夠，我們可以借您，還是要不要送花籃過去，尬你逗鬧熱（湊熱鬧）。」

擔任過衣蝶百貨台中館服務處處長的施恩新沒想到，竟能在地區信用合作社感受到服務人員周全貼心的照應，而且感覺是發自內心，瞬間把沒有網銀的糾結，拋到九霄雲外。

經過一、兩個月，施恩新拿支票到淡水一信匯款，副理張正宗從櫃台內走出來，「施小姐，您支票上的印章都蓋得不好看，有人說，章蓋得漂亮，運氣才會好，看起來是您的印泥不夠好。」

幾天後，施恩新收到張副理送來的特製印泥，盒子是他女兒割愛的 Hello Kitty 糖果盒，「市售印泥都不好，好印泥要特別調，我幫您調製了一盒，」他還一併送上軟墊，「支票下面放軟墊，蓋出來的章才漂亮。」看著眼前盒蓋上貼著張副理印章的特製印泥，鐵盒雖有點折損凹陷，施恩新知道，那是用錢也買不到的心意，「從那天開始，蓋完印章都覺得自己運氣特別好。」

基層金融機構裡的頂級服務

施恩新觀察，即使各大銀行、公家機關都有奉茶服務，不像其他人只是拘謹、制式地把茶送到客人手上，淡水一信顯得從容自在許多。他們不會在客人頂著大太陽走進來，手忙腳亂抽號碼牌、找座位時急於奉茶，而是等到客人稍稍獲得喘息，才趨上前倒茶，「外面天氣很熱，您先喝個茶，這是新泡的麥茶，冰冰涼涼很退火。」要是客人茶杯見底、事情仍尚未辦妥，眼尖的服務人員還會主動走到櫃台前幫客人續杯，跟一般行員公事公辦、有倒就好的態度截然不同。

除了每天輪值為客人奉茶的服務人員，不管保全或在櫃台外走動的引導人員，只要手上有空檔，都會立刻遞補上前為客人倒茶補水。「淡水一信竟做到麗池卡爾頓酒店（The Ritz-Carlton）要求員工做到的『側翼服務』（lateral service），」蘇國垚解釋，側翼服務指每個職位要到上下游觀摩學習，才能相互尊重，進而互相支援。

很難想像，一家不過十七家分社，無法辦外匯，存款利率低，貸款利率高，理財產品不齊備的偏鄉基層金融，竟能達到頂級奢華飯店品牌的服務標準。淡水一信也的確靠著不可思議的服務，在淡水打遍天下無敵手，進而跨到台北市攻城掠地，存放款五％、六％的年增率，也在全台二十三家信用合作社裡名列前茅，甚至在銀行過度飽和的競爭態勢下，二〇二〇年還能增加近九千個新存戶。

《天下雜誌》採訪年資超過三十五年的淡水一信總經理劉啟超，深入挖掘淡水一信做到不可思議服務的祕訣。

把客人變朋友

總社位在人聲鼎沸、川流不息的淡水老街上，斜對面就是傳統菜市場，不管買菜的老人家或賣菜的攤販，到淡水一信存的紙鈔，都捏得又皺又髒，還能從隨身包倒出一大堆零錢。一般銀行櫃員看到得花兩倍時間整理的款項，多少會顯露出不悅的神情，淡水一信的櫃員不但客氣地協助清點，還教攤販整理錢的方法，絲毫沒有嫌棄的樣子。

還有一個不識字阿嬤，每天到總社刷存摺，服務人員始終客氣問候，「歐巴桑，妳來了！來，妳簿子給我，我幫妳刷簿子。」服務人員幫阿嬤刷完存摺，不是交還給她，而是翻開存款簿，把明細念給阿嬤聽，要是阿嬤聽不懂，她換方式再講一次。「我們對家裡的老人家，都沒像她那麼有耐心，」一位客人觀察，這不是特例，而是淡水一信的日常。

施恩新印象中，每次只要十一點到淡水一信辦事，副理張正宗都會喊她一起吃中餐，「麥客氣，逗陣來呷奔（一起吃飯）！」前一、兩次，施恩新都客套推辭，後來張副理太有誠意，她忍不住問起吃中餐地點，「樓上有吃桌菜的員工餐廳，八個、十個員工到齊就開桌，非常方便，都是家常菜，妳不要客氣，」張副理一再盛情邀約。

「邀一次叫客套，兩次、三次就感覺有誠意，要是臉皮厚一點，他多叫幾次我就真的上樓吃，一旦變成朋友，你還會去其他銀行嗎？當然不會，」施恩新感覺，張副理沒把她當客人，而是像朋友、家人般在乎。「『一信式』的服務，就是把客人當家人的心態來服務，」劉啟超要求員工，除了把本業辦好，剩下的時間多跟客人互動。

劉啟超說，淡水一信的客人三教九流，從企業老闆到上班族、計程車司機、擺地攤都有，「話題必須視客人屬性投其所好，重點是認識客人，至少要喊出他的姓，知道他所從事的行業。」

兩倍的櫃台數，絕不讓客人等

「妳是雪文洋行老闆娘嗎？妳要辦什麼？」施恩新有次到淡水一信抽了號碼牌，就坐在左邊等叫號，沒想到右邊櫃台不用服務叫號客人的櫃員，眼尖認出了她。施恩新告訴她，自己要繳水費和電費，「妳只要辦這個嗎？來來來，不用等，我幫妳辦就好，」施恩新很訝異，自己跟那個櫃員並不熟，她竟不需請示主管，就能立即協助客人。

「客人的事最優先，尤其客人在你面前，再重要的事也得先放下來，」劉啟超一再叮嚀櫃員，像結帳、登記備查等工作都不急，等三點半拉下鐵門再慢慢做，「千萬不要讓客人等，或是讓他有被趕的感受。」

為了不讓客人等，即使和商業銀行一樣，積極發展金融科技，減少人工作業，降低營運成本，淡水一信卻堅持不減少櫃台數量，大型分社維持在七至八個櫃台，約是一般銀行的兩倍。「商業銀行希望臨櫃的客人愈來愈少，我們還是期待客人來，唯有跟客人接觸，才有辦法帶動業務，」劉啟超指出。

對金融業來說，給客人方便有時會與金管會規定相牴觸，尤其在洗錢防制法上路後，頻率更高。「不要先用『規定』兩字拒絕客人，」劉啟超總提醒員工，在風險能控管的情況下，盡量幫客人解決問題。舉例來說，客人要是開戶少帶印章或漏簽名，必定被一般銀行拒於門外，但一信員工會視情況先幫客人辦理，並請客人盡快補上，或是派員工跟客人取。

又例如，不少搬到淡海新市鎮的新住戶早出晚歸，淡水一信乾脆派住附近的員工，利用下班時間或假日到管委會協助他們開戶，還不收手續費。「我們完全遵守法規，最終繳交的資料還是完整，差在過程給客人通融，員工麻煩一點沒關係，」劉啟超強調。

多說一句話，留下好印象

蘇國垚家就住淡水，因地緣之便，選在淡水一信辦房貸，但由於利率高，蘇國垚每隔兩、三個月，存到五萬、十萬，就會去還款。有一次，櫃台楊小姐收了款項，閃著崇拜的眼神對他說，「蘇先生，你好會賺錢哦！」就這麼一句話，等於肯定蘇國垚的賺錢能力，讓他開心得像要飛上天。

翻開淡水一信的員工服務手冊，分為櫃台服務禮儀、環境整潔、電話禮儀和服裝儀容四大項，短短不到十頁，沒有照片分解動作，也缺少與眾不同的服務哲學。讓人眼睛一亮的是，最後一條寫著，當客戶提領現金時，可視情況對客戶多說一句，「沒用到的錢，請再拿來寄（存）。」

「加深客人的印象，希望他能再回來，」劉啟超認為，台灣服務與日本最大的差異，在於送客人離開的真心誠意，「我們要珍惜每次和客人的互動，留下美好回憶。」他比喻，淡水一信與商業銀行的競爭，就像一場拔河賽，多出一點力，客人就多進門一次，要是不出力，自然被別家銀行拉走。

對員工好，才會有好服務

淡水一信員工幾乎都以身為一信人自豪。「全台灣公務人員的薪資只能匯入台銀或郵局，但淡水公務人員的薪資卻匯入一信，證明我們很有公信力，」一位客人提及淡水一信員工對他說的話，言談之中盡是驕傲。

一信人的驕傲，來自令人羨慕的員工福利。淡水一信理事主席麥勝剛明白，唯有對員工好，他們才會發自內心對客人好。除了三節獎金、四個月年終，每年元旦員工還能多領兩個月、連農曆七月半都有獎金，一信員工年薪最高可達二十一個月，很多銀行、科技公司都比不上。

也因此，淡水一信的離職率很低，每年退休和離職員工加起來不到十個，幾乎都是從學校畢業就做到退休。愛用應屆畢業生，原因是從頭訓練，比較能快速融入服務至上的企業文化。

「在地服務的精神，早在一信扎了根，」淡水一信企劃室襄理李宜玲回想，當年進入一信，前輩就不斷灌輸她服務的觀念。不管在主管會議，或是到分行遇到員工，劉啟超也會孜孜不倦地告誡他們服務很重要，「對待客人記得要服務親切有禮。」

一位家住淡水的民眾分析，不是每位一信員工的服務都能做到一百二十分，但比起其他銀行，服務平均水準高很多。

用心服務，收穫自然水到渠成

淡水一信最為人所知的，就是提供民眾婚喪喜慶協助，從布置場地、收禮金奠儀、主持到送客，不管是不是自家客戶，完全免費協助，去年就服務超過九百場，甚至還有員工為此考取禮儀師證照。

「這個傳統持續五十年以上，我還沒進一信就有，」每逢假日就得和立委、議員一樣，到處「跑攤」的劉啟超說。舉凡婚喪喜慶、學校運動會或關懷弱勢活動，都能看到他的身影。外人看來非分內的工作，淡水一信卻當一回事來做，平時由兩位員工專責主理，安排調度員工在假日出動。

李宜芳就有過到喪禮協助收付和擔任禮生的經驗。問她害不害怕？她笑著說，「公司不會讓我們隻身前往，都會有前輩帶領。」劉啟超說，和政治人物協助地方最大不同是，淡水一信不要求回報，而且通常會主動詢問對方需求，「你要幫忙人家，不能等人家開口。」

他始終記得，剛進淡水一信，前理事主席、也是現任理事主席麥勝剛的父親麥春福經常說，服務的工作是播種，不能今天灑下土，就期待明天能收成，用心把服務做好，收穫自然水到渠成。

淡水一信用行動證明《黃金服務15秒》書裡所說的道理，任何一家金融機構的千元紙鈔都是一樣的「產品」，而服務卻讓這些金融機構各有高下。

（選自天下雜誌 Web only．2021/03/03．文 王一芝）

從「心」出發，
創造服務價值。

——淡水一信總經理 劉啟超

| 第三部 |

服務的新方法

11

智能快取，提升消費體驗的創新關鍵

善用數位工具，讓服務又快又好

二〇二〇年底，桃園青埔高鐵站出現一間以木質和白色系打造、洋溢著簡約風格的空間，牆上有藍晒圖線條，門口建置科技感十足的數位時間牆，還以為是蘋果小型旗艦店。直到瞥見肯德基爺爺畫像，才知道原來是前陣子不少網紅爭相打卡的肯德基首家數位時尚旗艦店。這間網紅店最大特色是，提供多種數位點餐和取餐工具，以滿足高鐵旅客對快速便捷，以及後疫情時代零接觸的需求。

除了一次擺上五台自助點餐機，還有全球肯德基第一個「智能快取櫃」，上網或使用 app 訂餐付款，收到簡訊後，就能自行以開櫃密碼取餐，不需到櫃台排隊，至今使用率約五成。

五年前升任台灣肯德基總經理的謝宜芳，指著櫃台預訂快取通道上的手繪雞圖像及 QR Code 驕傲地說，「這隻雞是有意義的，」上任後首度接受媒體專訪，她指出，「我希望提到肯德基，可以聯想這是個數位品牌。」

全台首發蛋撻自動販賣機

另一個「全球首台」是位於八號出口、距離門市三分鐘路程的「KFC 蛋撻 To Go」自動販賣機。謝宜芳透露，一上市各方邀約就蜂擁而至，包括列車、便利商店，還有東部廠商專程到訪談合作。在疫情期間雙鐵禁食的情況下，蛋撻自動販賣機仍為數位時尚旗艦店貢獻近一成業績。換言之，在台店數不及麥當勞、摩斯的肯德基，有可能靠著蛋撻自動販賣機，快速在台灣遍地開花，創造過去從未有過的店外收入。

二〇一〇年英商怡和集團接手之前，台灣肯德基已經賠了好幾年，在台灣速食市場的排名，也從原本僅次於龍頭的老二，再敗給摩斯落到第三。一路帶領肯德基從四家店擴張到超過四千八百家，成為中國最大連鎖餐飲品牌的百勝餐飲集團前董事會副主席、中國首席執行長蘇敬軾，當然氣不過，他連續派了五任總經理來台灣，進攻在台灣稱霸的麥當勞，卻一再鎩羽而歸。謝宜芳在怡和買下經營權後第三年進入台灣肯德基。二〇一六年，怡和終於讓跌落谷底的台灣肯德基轉虧為盈。

面對店數不到台灣麥當勞一半的肯德基，謝宜芳一上任就給自己訂下「快速成長」的目標，「數位和創新，就是我翻轉的機會，」她提高聲量說。待過莊臣、滙豐銀行，擅長打行銷戰的謝宜芳，率先導入 Line 機器人點餐、推出線上預訂快取、整合集團內資源和必勝客推出行動會員「PK 雙饗卡」，還在半年內完成智能快取櫃、蛋撻自動販賣機兩個世界第一，成為各國肯德基爭相取經的對象。

兩個全球第一，代表總部看到台灣肯德基近四年最亮眼的成績單。怡和接手台灣肯德基的前七年，每年淨增加不到兩家分店；謝宜芳上任四年，全台就多了三十七家肯德基。她不願透露營收，「二〇一七到一九年，每年營收都有兩位數成長，」她補充，二〇二〇年即使有疫情，也接近兩位數成長。謝宜芳首度對外公開，她帶領台灣肯德基雙位數成長的關鍵。

不斷升級消費體驗

與其他同業相比，肯德基外帶客人一向比外送多，所以早在二〇一五年，肯德基就順勢推出「訂餐快取」服務，方便外帶消費者在櫃台專屬通道快速取餐。

當二〇二〇年的疫情來襲，零接觸消費成主流，肯德基只花兩個星期，在四月推出零接觸外送。從訂購介面改善、餐點加封條，甚至要求外送員隨身攜帶折疊椅，把餐點放在門外的折疊椅上，消費者開門取走餐點再收回。也因為意識到消費者的零接觸需求，肯德基決定把「訂餐快取」服務升級，打造速食業第一個「智能快取櫃」，由消費者自行取餐，做到真正零接觸。「智能快取櫃是訂餐快取的進階版，把OMO（線上線下整合）概念做更緊密結合，」謝宜芳強調，透過數位的創新，才能不斷升級消費者的體驗。

肯德基和國內廠商合作開發的快取櫃，外觀像車站常見的寄物櫃，但具備更尖端的科技功能，平時是與路過消費者互動的廣告牆，取餐時又能瞬間變成輸入螢幕，有趣又實用。

從消費者出發，模擬使用情境

不少人好奇，為何肯德基把智能快取櫃和蛋撻自動販賣機設在高鐵站？「高鐵客人和我們推出的數位創新服務最能結合，」謝宜芳觀察，高鐵消費者本來就習慣使用數位工具，像在手機上訂票、付款、進出站，省去教育消費者的時間。

蛋撻自動販賣機的誕生，也是從消費者出發。台灣是肯德基全球第一個賣蛋撻的地方，二十多年來，蛋撻好吃到讓網友笑稱肯德基是「被炸雞耽誤的蛋撻店」，至今台灣仍是肯德基全球蛋撻銷售第一，業績佔比無人能敵。

以至於當初有意把店內服務延伸到店外時，蛋撻毫無疑問雀屏中選。「我們思考過炸雞，但以目前的條件，並不太適合店外的環境，」謝宜芳說，蛋撻是最能快速落地的商品。

蛋撻自動販賣機的外型，和坊間的鮮食販賣機無太大差異，一共有三十二格的櫃位，提供單入、雙入和六入禮盒裝等不同數量的蛋撻。舉例來說，週間商務人士到客戶公司提案，拜訪客戶不能兩手空空，就有雙入或六入的伴手禮需求；開完會回家，則是犒賞自己，一個蛋撻滿足口腹之慾剛剛好。又例如週末家庭客的歡樂聚會，也需拎一袋體面的蛋撻禮盒赴約。「不斷反覆思考模擬，才能洞悉消費者沒說出口的需求，」謝宜芳表示。

不斷測試，快速修正問題

除了業績讓總部願意投入資源，謝宜芳能在半年內推出兩個創新服務，靠的是「創新四力」——覺察力、應變力、敏捷力和凝聚力。

敏捷力表示勇於快速嘗試、快速失敗、快速修正。「速度快之餘，不能忽略細節，」謝宜芳通常會召集各部門，請他們從生產、製成商品、交到客戶手上的流程走一遍，每個人提出可能發生的問題，「一切都在這些細節裡。」

她還大費周章放置一台蛋撻自動販賣機在總公司，讓員工在每天不斷測試中，發掘沒想到的問題。例如，為了顧及商品品質，蛋撻自動販賣機內裝置了臭氧機，殺菌之外，還能除臭。又怕客人取完餐點或蛋撻忘了關門，不管智能快取櫃或蛋撻自動販賣機，櫃門打開後都會自動回鎖。為了讓消費者更安心，甚至連自動販賣機櫃門上的觸控螢幕，都塗上有抗菌效果的奈米銀。

高標準看待品質

謝宜芳不諱言，當初她向總部提報，將推出全球第一台蛋撻自動販賣機，國際部主管最在意的就是品質。

店內烤出的蛋撻，兩小時沒售罄就報廢，而每一顆由數位時尚旗艦店直送到自動販賣機的蛋撻，都貼上出爐時間，販賣機採保溫設計，維持在六十一度，只要一小時沒賣完就丟棄，「標準比店內還嚴格，」謝宜芳驕傲地說，全球肯德基只有台灣自動販賣機的蛋撻標示出爐時間。也因為是餐廳直送，總部堅持不能取名「販賣機」，而是「To Go」，代表品質和從店裡外帶一模一樣。

謝宜芳認為，即使是數位創新，仍要回到原點，身為速食業，天職就是提供消費者快速、方便、穩定和美味的食物，「只是現在改用數位工具、科技來協助我們辦到，」她總一再提醒團隊，肯德基不只是 Fast Food（速食），而且要 Fast Good，又快又好。

（選自天下雜誌 Web only．2021/03/10．文王一芝）

因為相信，
你就會看見。

——肯德基台灣總經理　謝宜芳

12

餐飲業如何啟動「訂閱制」？

定時互動，將現場體驗搬進家庭餐桌

二〇二一年防疫三級警戒之下，餐飲業不能內用，除了外帶外送、把餐食做成冷凍調理包，以及組成食材箱之外，還能做什麼呢？正當餐飲業陷入膠著苦思，連鎖燒肉龍頭乾杯集團在六月第二週，率先突破了外帶外送的框架，創造全新的雲端燒肉模式，命名為「宅家乾杯」。

消費者到電商平台「乾杯超市」下單入社，成為乾杯口中的「店長」，就能以半價獲得跟門市一樣、價值七千兩百元的全套燒烤設備。再透過訂閱制，每月自動扣款，選購半年或一年的燒肉組合，在不公開社團觀看員工教育訓練的教學影片，學習調味和烤肉。這樣一來，消費者即使在家，也能神還原乾杯門市情境，一邊烤肉，一邊跟著線上直播，進行乾杯最經典招牌活動「八點乾杯」。

「疫情限制反而激發了乾杯的創意，」曾在KIKI、VG等餐廳工作過的資深餐飲人吳鉑源大讚，乾杯的創意無限。果然，把燒肉居酒屋用餐情境宅配到家的商業模式，立刻獲得苦悶在家躲疫情的消費者青睞，短短一週，已有超過百位消費者加入訂閱，其中訂閱半年的會員佔七成。

餐飲業新革命

「宅家乾杯的創意，我去年（二〇二〇年）就想到，只是忙到沒時間執行，」台日混血、來台快三十年的乾杯集團創辦人平出莊司，操著有日本口音的中文說。

二〇二〇年疫情一爆發，乾杯業績瞬間腰斬，平出莊司立刻領著日籍料理長和商品開發同仁，把旗下燒肉品牌的招牌菜色，變成一款款鋪滿高檔燒肉的便當，在這一年裡光是便當，乾杯就有三千萬的業績進帳。

乾杯本身也是台灣第一大澳洲和牛採購商，為了延伸採購優勢，平出莊司也在二〇二〇年七月，順勢推出以販售生鮮肉品為主的「乾杯超市」自有電商平台。二〇二一年五月本土疫情來得又快又猛，受傷最重的非百貨莫屬，偏偏乾杯在台灣又有八成五的分店進駐百貨，業績至少掉了七、八成。

面對創業二十二年來的最大危機，平出莊司眼見線上業績飆漲六倍，緊急拿出「宅家乾杯」這個壓箱寶來力挽狂瀾。「乾杯超市在營收、獲利還有很多檢討空間，不是很成功，但還好去年建立了這個平台，」平出莊司透露，因為這個生鮮電商，乾杯才能在疫情爆發短短兩週內，立刻推出宅家乾杯。

乾杯集團發言人廖佳怡回想，早在二〇二〇年，平出莊司就要團隊研究推行「訂閱制」的可行性，直到二〇二一年五月，在家體驗乾杯燒肉的創意才成形，並具體商品化。比起便當、超市，這個創意，顯然是平出莊司的壓箱寶。廖佳怡記得，當她正忙著把日文稿翻譯成中文，準備分享給團隊時，老闆好幾次掩不住興奮，跑來她的辦公桌前詢問，「妳覺得這個創意如何？」

事實上，剛開始團隊難免也會擔心，宅家乾杯的價格不便宜，或者消費者不需要那十四件開店設備等等，但創意發想者平出莊司倒是信心滿滿，「宅家乾杯不是電商產品，也不是外送商品，而是一種餐飲革命。」

就像燒肉居酒屋的發源地日本，沒有一家入選米其林指南，大學三年級在台灣創業開燒肉店的平出莊司，二〇一六年竟以老乾杯上海店拿下米其林一星，創造全球第一家米其林燒肉店的奇蹟。

這次他又將透過把你家餐桌變成乾杯燒肉店的模式，進行何種型態的餐飲革命呢？《天下雜誌》第一時間專訪人稱「SOJI桑」的平出莊司，挖掘他雲端燒肉訂閱制的創意發想祕訣，以及疫情期間的餐飲趨勢。

不是賣頂級肉品，是賣體驗

平出莊司不諱言，創業至今，他從沒想過，有一天燒肉店也得賣便當，「就算便當賣得再好，也不是燒肉店的本質啊！」對他而言，燒肉賣的不只是肉，而是賣體驗，賣那種居酒屋熱鬧、歡聚的氛圍。

他檢討之前乾杯超市為何不成功？「就因為只賣肉，不是賣體驗，」他認為，消費者想買肉，選擇很多，不一定是乾杯。消費者對乾杯的期待，就是體驗。

平出莊司不斷思考，如何把乾杯最擅長的居酒屋用餐體驗，延續到線上服務，甚至攻進消費者家裡的餐桌。他認為，除了食材，想呈現燒肉店的用餐情境，全套燒烤設備絕對不能少。包括無煙電烤爐、燒肉夾、抓肉盆、調味盒、招牌金剪刀，甚至印有「乾杯」二字的盤子，都得全送進消費者家裡。

誰能擁有整套門市燒烤設備呢？當然是加盟主。原本乾杯集團四十四家分店都由總部直營，不開放加盟。平出莊司索性轉換加盟的概念，把訂購宅家乾杯的消費者，都稱為加盟店長。

為了讓「加盟店長」徹底角色扮演，平出莊司把額外加贈的肉品，叫作「店長業績達標」的開箱驚喜。如果消費者想加點也不叫加價購，「這叫作店長進貨，可以打九折，」熱情、好客的平出莊司說完，得意洋洋笑了很久，十分融入在自己設定的情境裡。

為了怕吃燒肉時沒有臨場感，乾杯團隊在防疫期間，每天晚上透過臉書粉絲專頁，直播乾杯的招牌活動「八點乾杯」。「從創業開始，乾杯門市全年三百六十五天每晚都會上演八點乾杯橋段，卻在禁止內用後停止，」平出莊司堅持，乾杯的傳統不能斷。

定時互動，創造價值

事實上，二〇二〇年九月日本高檔雞肉串燒店「鳥幸」，也因為疫情，對外銷售雞肉串燒食材料理組合，只要購買食材，就送獨家開發的一人用燒烤台，讓消費者在家DIY。只不過，鳥幸仍是平出莊司口中的「一次性交易」。「一次性不好玩，我們還有很多不錯的商品，像澳洲和牛、伊比利豬等等，客人非嚐一次不可，」他強調，訂閱制才能跟客人產生互動，創造價值。

在日本，訂閱經濟已經不是新鮮事，連租車都能訂閱，台灣這幾年也有多個咖啡、鮮乳品牌投入訂閱服務，六角國際在二〇二〇年也創餐飲業先例，提供訂閱制服務，只不過，都還是雷聲大雨點小，實際獲利有限。

按照平出莊司的估算，宅家乾杯未來每月將創造百萬業績，等於現金流更穩定。除此之外，有了訂閱制，未來半年至一年的食材採購量更容易預估，也能減少食材耗損和庫存的困擾，「解決了這些問題，我們再把利潤回饋給消費者，就是一種良性循環，」平出莊司話說得明白。

不藏私，不怕客人學

消費者宅在家當乾杯店長，沒有店員幫忙，從前置醃肉、桌面擺設到燒烤過程，統統要自己動手DIY，但實際情況是，不是每位都擅長燒烤。就像坊間加盟連鎖店必須接受開店前訓練，平出莊司乾脆在臉書開個不公開社團，把員工教育訓練的教學影片，一支支播放給這些「加盟店長」看，連調味、擺盤方式，全都不藏私公開。

要是還學不會，或是烤得不好吃，社團裡還有燒烤達人，平出莊司也會不定期出現，手把手傳授獨家燒烤祕技，「現在網路那麼發達，沒有任何資訊能夠隱藏，」平出莊司認為，積極公開反而會贏得消費者對品牌的信賴。

不過，要是多數消費者家裡都備有無煙燒烤爐，直接跟乾杯超市進貨，還掌握燒烤祕訣，等到疫情解封，不就沒人想再踏進乾杯門市？「我不擔心，台灣人那麼忙，疫情解封後，不可能像現在天天待在家，哪兒也不去，」平出莊司笑著說。

平出莊司嘴巴不肯說，心裡其實很期待，那些熱愛燒肉的宅家乾杯會員，真能像加盟主一樣，因為自己參與其中，而更愛乾杯這個品牌，甚至願意回饋具體改善建議。未來乾杯品牌不再只由他和總部團隊主導，而是和忠誠粉絲共同經營，這才是平出莊司一再強調的餐飲革命，以及和客人共同創造的新價值。

（選自天下雜誌 Web only．2021/06/16．文王一芝）

即使在疫情期間，仍要努力保持客人喜愛我們的優點，運用不同的管道與形式與客人連結。

——乾杯集團創辦人 平出莊司

13

放大體感空間，用「3B」療癒顧客

四星飯店好業績的祕密

輕掀暖簾，有著細窗柵的自動門隨之開啟，滿室榻榻米的香氣迎面而來，旅人迢迢遠路的疲憊，無聲落地。深邃的天井板，特有的蟲籠窗（日式細格窗），寧靜的日式中庭，正散發出人們來京都所追求的那份細緻、空靈意境。但刷過房卡、進入住宿區，又是一派嶄新的西式建築。一門之隔，旅人享受著現代舒適，以及傳統之美，身心皆適。

這是日本飯店業者Candeo Hotels二〇二一年無懼新冠疫情高峰，仍堅持在京都擁有一百三十年歷史的京町家（京都古民家）開出的新店。開幕之初，就算往來廠商或友人捧場，一〇六間客房也只賣出二十間，但如今鴨川旁、先斗町裡雖仍門前冷落，人潮未現，這家飯店卻從下午三點起，一組組客人紛沓而來、不斷湧入，住房率已突破八成。

而在距離大阪市區還有十分鐘車程、緊鄰鐵道的另一處分店，上午七點半，早餐餐廳裡已經人聲鼎沸。帶著幼兒的家庭客、銀髮族夫婦、年輕情侶、商務客，來回穿梭在擺滿佳餚的早餐台前，熱鬧的景象很難讓人相信，這只是個平日早晨，而非週末假日。「我已經住過好幾間不同分店，接下來還想住住看京都、和歌山！」正陪著四歲女兒慢慢吃早餐的一位媽媽分享，房間舒適，還有露天浴場的 Candeo Hotels 已是她的住宿首選品牌。

多數台灣觀光客還不熟悉的 Candeo Hotels，疫情期間卻持續展店，並推出多種住宿優惠方案，在疫情來襲一年半內，所有分店便已由虧轉盈。二〇二一、二二年，其住房率已回升為六〇%至八〇%，皆是業界平均住房率近兩倍，東京的六本木、新橋甚至衝到九〇%，幾乎和疫情前無異。

鎖定中間地帶的四星市場

Candeo Hotels 業績大好的祕訣是什麼？關鍵竟在大膽鎖定最不討好、最難做的「中間地帶」市場，也就是「高級不成，低價不足」，剛好介於五星級飯店及平價三星商務飯店之間的「四星」飯店。

「創業之初，一年有兩百五十天出差住飯店，那時就一直在想，為什麼飯店就只有三星和五星這兩種？」Candeo 餐旅管理公司社長穗積輝明接受《天下雜誌》視訊專訪時解釋，早從十幾年前，他就強烈直覺市場上會有「四星」的需求。

「五星級飯店那麼貴，一輩子住不了幾次，而且可能心情還不輕鬆，」穗積輝明很了解消費者的心理，他也直指商務飯店過於窘迫，「房間太小，外面工作一天回到飯店，不能好好放鬆，甚至還有種孤寂感。」以東京為例，五星級飯店至少十坪甚至十五坪，每晚要價台幣上萬，而商務飯店僅四、五坪，約兩千元台幣即可入住。

Candeo Hotels 則鎖定「超越商務飯店」的體驗，「多些設計感、房間再大一點，」雖然房間數變少，但客房單價可以比一般商務旅館高兩成，住房率還可能提升。「不過中間地帶真的很難做，只要稍微往哪一邊偏掉，就會失敗。要一直調整，並不容易，」穗積輝明表示。

Candeo Hotels一號店，二〇〇七年開在熊本機場旁，附近有日本索尼半導體廠等多家大廠，有著豐富的商務客資源，但一開始的三年，狀況並不理想。不少客人抱怨房價偏高、餐廳選擇太少，感受不到價值。

「當時充其量只能算是三．五星，」穗積輝明坦言，起初只強調增加設計，價值體驗無感，他只能不斷從顧客反饋找答案，不斷調整，漸漸開始有商務客會帶著家人回訪，口碑增加，甚至在二〇一二年《日經商業雜誌》顧客滿意度調查排名第一，從此打開知名度。

在品牌連鎖飯店林立、外資飯店搶進、星野飯店集團也不斷擴增品牌組合之際，目前僅有二十三間分店的Candeo Hotels，如何建立「獨一無二的四星飯店」價值？

放大「體感」空間

商務飯店常給人侷促窘迫的不好感受，Candeo Hotels房間大約六坪，但力求做出「體感七．五坪」的效果。例如，桌椅及沙發放低、開窗加大、善用鏡子的設計巧思，是穗積輝明走訪全球兩千五百家飯店，不斷參考、蒐集到的商務飯店設計祕訣。「其實我每到落腳飯店，還會丈量房間長寬比例作為參考。」

「設計裡也用了很多銅片，映照出光亮，讓視覺變廣，」穗積輝明說，銅片光芒柔和帶有溫度，正好也和Candeo的「閃耀」之意吻合。

用「3B」療癒顧客

Candeo Hotels的「3B」指的是床（Bed）、浴場（Bath）、早餐（Breakfast），副總經理岡益充說明，除了採用知名品牌床墊，Candeo Hotels在創設之初即定調，「每個飯店都要有大澡堂和三溫暖，」而且盡可能要設在最高樓層，僅中午時段關閉打掃，讓客人盡情享受「非日常的小確幸」。「一大清早先來泡澡，再出門工作，感覺一天都特別有精神，」一位商務客分享。

飯店早餐台上內容豐富，多達五十種和洋餐點，麵包台上更擺著人氣烤箱「阿拉丁」，與一般商務飯店只有培根、炒蛋、吐司的乏善可陳，大相徑庭。據統計，一般商務飯店的早餐加購率只有三成，但Candeo Hotels早餐約一千四百日圓（約三百二十五元台幣），價格不便宜，加購率卻達五成。

精選店址，違反複製王道

Candeo Hotels不採納連鎖飯店為追求快速展店，而奉為王道的「複製貼上」做法，反而訂下原則，「每間新店都必須有所進化。」

「我們已經進入第四代進化，」穗積輝明舉例，大浴場已經從「大眾浴池」層次，進化為用「度假飯店的泳池概念」來設計浴池，導入水中燈光，提升五感體驗。早餐餐廳也從一樓，改至有景觀甚至露天的高樓層。京都分店更改由京都便當老舖，提供每日限量京都雙層和風便當，別具風味。

評估新店店址時，穗積輝明會親自蹲點調查，判斷自身品牌是否有足夠優勢進入當地市場。他也會潛入其他飯店的早餐餐廳，花上一小時觀察客人型態，在車站一站就是半小時以上，觀察平日和假日的車站人流組合、移動方向。

以東京新橋分店為例，當地是東京「上班族大叔」高度密集的代表區域，沒有新穎的商業設施，老舊餐廳、居酒屋林立，看似難以吸引旅客。但因地利之便，平日吸引上班族，假日則因臨近銀座、東京，吸引觀光客，也打中追求「居酒屋美食之旅」的年輕族群，住房率高達九成。「新橋店真的是很特殊的戰略，」穗積輝明指出。

目前日本飯店市場約有一百萬間房的規模，「四星」市場約佔一成，規模並未大到足以吸引大量競爭者搶進，僅有三井花園飯店採取類似戰略。Candeo Hotels 目標設定為，在「四星」領域市佔一成，也就是約一萬間房的規模，預計二〇二四年將在大阪開出擁有五百四十八間客房的旗艦店，成為觀察其成長趨勢的重要指標。目前在新加坡也設有法人，海外拓點可期。未來 Candeo Hotels 將如何持續進化，開發切中消費者需求的新體驗，值得關注。

（選自天下雜誌 Web only．2022/06/29．文 施逸筠）

中間地帶很難，要一直調整，
讓每間新店都有所進化。

——Candeo 餐旅管理公司社長 穗積輝明

14

不花大錢，用裝潢有效提高好感度

回歸專業，改變陳舊形象的無人店

慘白日光燈映照出室內環境的疏於打理，無人看顧的洗衣機兀自運轉，飄散出一股孤獨、不安氣味。過去，自助洗衣店總帶著晦暗形象，常和「出外人」、「學生」劃上等號，如今，卻是日本雙薪家庭、育兒主婦，甚至高級住宅大廈住戶眼中，不可或缺的重要救贖。「在家花了幾小時也洗不完、烘不乾的衣服，在自助洗衣店一小時就全搞定，還能柔軟不起皺，」一位日本職業婦女滿意地說。

家用洗衣機、烘衣機的擁有者，過去被視為「與自助洗衣店無緣」的族群，現在卻甘願帶著大批待洗衣物，專程外出洗烘。新型消費模式，將日本自助洗衣店推向新一波熱潮。「育兒家庭、家庭使用者，佔了大約五成，」成立第六年就開出一百六十家分店，甚至成為打卡景點的自助洗衣店「Baluko Laundry Place」創辦人永松修平，接受《天下雜誌》越洋專訪時，說出了一個過去難以想像的主力客層。

二〇〇〇年後滾筒式營業用洗衣機，帶動自助洗衣店成長，連鎖加盟店興盛，讓全日本店鋪數近二十年來成長為兩倍，總數超過二萬四千家，比便利商店7-11還多。「想要把整條被子、日式睡墊都丟進洗衣機洗的需求，近年來明顯增加，」日本營業用洗衣機大廠AQUA事業戰略集團的結城武成指出，近年民眾清潔、衛生意識提升，對寢具的清潔要求，的確帶動了自助洗衣店的使用者增加。

不過，洗衣成本並不廉價。若以四口之家一週洗三次衣服計算，一年的水電費支出約為一千五百台幣，若改為每週至自助洗衣店清洗，一年支出將近三萬台幣，成本增為二十倍。但對「沒時間」、「在家不方便洗烘」、「希望用金錢換取時間」的雙薪和育兒家庭來說，自助洗衣店仍充滿魅力。

原因之一是，洗衣設備持續翻新。除了大容量洗淨、高速烘乾的功能，還有大型寢具、寵物用和球鞋專用的清洗烘乾機，甚至能為衣物增加「防潑水」功能的洗衣設備。另外，營業形態也開始「多元混搭」。便利商店、銀行、汽車用品賣場附設自助洗衣店，或是洗衣店裡也開設咖啡店、美甲沙龍等異業服務。不僅讓消費者有效利用等待衣物洗滌時間，對業者來說，也是拉抬主業的手段之一。

「顧客週末來洗衣服時，正好可以和假日特設的銀行理財專員聊聊，」以日本愛知縣等地為主要據點的大垣共立銀行，在自動提款區旁附設了女性專用自助洗衣店，不僅可共用安全監控設備，理財業務也同時延伸。

換位思考，讓自助洗衣店煥然一新

Baluko Laundry Place 創辦人永松修平，則是將自助洗衣店的晦暗形象，改變為明亮可親的重要推手之一。四十二歲，對「洗衣」高度熱衷的永松修平，原本是日本三洋電機營業用洗衣機部門的研發工程師，深知營業用大型設備的洗滌、烘乾效能，遠超過一般人對家用洗衣機的想像。不過三洋電機在二〇〇九年因營運不佳，被併購成為日本 Panasonic 子公司，洗衣機部門又在二〇一一年被轉賣給中國海爾集團。

「當時很懊悔，如果之前更努力開發產品，改善銷售業績，也許就不會面臨被賣掉或可能被裁員的窘境，」永松修平曾對媒體透露當時「被賣」的心情。轉換至新公司後，永松修平著手研究客戶，也就是自助洗衣店市場現況。他發現大多自助洗衣店的整潔欠佳，「明明機器的功能那麼強大，但店面這麼糟，連我都不想進去用，」他坦承。

深為機器抱不平的永松修平，開始對公司內外積極提案，建議改善自助洗衣店品質，以利開拓市場，但卻難以打破業界「追求低成本經營」的慣性。「當時的自助洗衣店，其實是投資客的獲利工具，並沒有站在消費者的立場思考，」永松修平解釋，自助洗衣店店數雖持續成長，但多數是以「不動產投資」的觀點營運，著重如何讓閒置店面快速高效地賺錢。

無人店的型態，可滿足低投入、穩定獲利的要求，曾高達二〇%的獲利率，吸引大批投資客湧入，近年業界一般則維持在一〇%。「但經營者不太會實際接觸到消費者，根本不知道使用者需求在哪，」永松修平認為，消費者其實期待一個「更舒適、好品質」的自助洗衣店，但投資客、不動產業者根本聽不進去，讓他決定在二〇一六年創業，親手打破自助洗衣店的陳舊形象。

Baluko Laundry Place 如何讓自助洗衣店的形象煥然一新，創下平均每日客數八十人、高於業界平均的奇蹟？年營收五．五億台幣的 Baluko Laundry Place，成功開發新客層的祕訣又是什麼呢？

不花大錢的全新設計

過去的自助洗衣店，總是鋪天蓋地的「強迫推銷」訊息。大紅、鮮黃的洗衣機面板，閃亮亮地彰顯存在感，玻璃窗上貼滿文字、牆上聊勝於無的制式海報，一味催促著消顧客「用吧！用吧！」，卻不帶任何溫度。

Baluko Laundry Place 卻只強調「簡單」。「室內裝潢不一定要花大錢，但是在小地方花點心思，感受就很不一樣，」永松修平說，像是走道的寬度，摺衣服的工作台大小、穩固度，消費者一用就會覺得很順手，室內裝潢的素材和配色和諧搭配，也能讓客人覺得「自助洗衣店也會是個舒適的地方。」

「在這裡，洗衣這項家事給人的煩悶感一掃而空，反而想要好好享受洗衣服的時間，」一位日本消費者分享實際體驗後的感受。「以前的自助洗衣店講求獲利績效，根本不希望顧客在店裡待太久，不太會考慮桌椅等設備，」永松修平認為，新型態自助洗衣店，必須從消費者視角出發，創造出「讓人很想用」的環境。

追求極致洗淨力

永松修平工程師出身的RD魂（Research and Development），持續追求洗衣技術的進化。店內使用的洗烘設備，許多都是永松修平當年開發的機種，洗衣程序、水量、洗劑用量、回轉數等等參數，全都可以自己手動修改，多次實驗。即使與其他競爭者使用相同機型，卻有更好的洗淨效果。

「如果只追求獲利，洗衣程序、洗劑，都會選擇用最經濟、低成本的方式，其實消費者洗完，也不一定感覺得出來，」但永松修平對洗衣效果的講究，連洗劑也要獨立開發，並和石鹼老鋪合作，推出天然無污染的石鹼洗衣劑，不殘留好沖洗，可提升洗衣效率，成為獨門特色。

開設「有人店」，追求專業化

除了洗衣機本身的效能，附設的咖啡店對飲食的「專業化」也很講究。「洗衣店賣咖啡，也要有一般咖啡店的品質，才能讓人真正好好放鬆下來喘口氣，」永松修平堅定地說。

除了提供餐飲，咖啡店員工也能為顧客解答洗衣機操作上的問題，減少使用者的不安感。另外，Baluko Laundry Place 部分門市附設乾洗、代洗等服務。上班族上班前將衣物送至店裡，由工作人員代為放入自助洗烘衣機，下班後就能取回洗好摺好的衣物，「終於能從客廳被待洗、待摺衣物淹沒的壓力中解放，」一名常客分享。

自助洗衣店雖持續擴點，但使用族群尚不到全人口的一成，如何拆解消費者心中的進入障礙，觸及更多使用者，是市場成長的關鍵。「像洗烘棉被這樣的便利功能，其實只是一個入口。重點是如何讓這偶一為之的消費，變成日常，」永松修平強調，自助洗衣店還在持續進化中。例如如何解決搬運衣物的不便、在手機 app 上增加預約機台的功能，仍是亟待解決的課題。「要提升便利性，才能提升使用率。」

「海外拓點也是我們的目標，」永松修平透露，或許不久後，台灣消費者也能享受在窗明几淨洗衣店裡，緩緩喝著咖啡，等待衣物洗淨的悠閒家事時間。

（選自天下雜誌 Web only・2022/04/27・文 施逸筠）

要提升便利性，才能提升使用率。
讓偶一為之的消費，變成日常。

——Baluko Laundry Place 創辦人 永松修平

15

如何完售奢侈的「沉浸式體驗」？

實體書店的新形態閱讀服務

猛暑盛夏，熱氣逼人，到書店吹免費的冷氣消消暑吧？但這在日本新型書店「文喫」（享用文化之意）卻行不通。消費者得先花上至少一六五〇日圓（約三六〇台幣）付費入場，且不能折抵買書費用。但在「文喫」裡有著舒適座位、免費咖啡和綠茶，還有極受好評的付費餐點。多達三萬冊選書、九十多種雜誌，讓許多人一待就是半天以上，遇上假日，「文喫」的社群網頁上還常常貼出「目前客滿，現場發放號碼牌」的告示。

面對網路書店興盛、數位娛樂多樣，造成閱讀人口減少，身為出版大國的日本，書店經營同樣艱辛。日本出版科學研究所調查，除卻電子書，二〇二一年一般書籍在日本國內銷售額約一兆二〇八〇億日圓（約二六五〇億台幣），不到高峰期一九九六年的一半。近二十年來，日本書店已消失一半，二〇二〇年全日本僅剩一萬一千間書店。

「文喫」的母公司日販，是日本兩大書籍大盤供應商之一，二〇二〇年度營收五二一〇億日圓（約一一四六億台幣），比二〇一七年少了一千億，為開發新收益來源，二〇一八年十二月，日販集團在東京六本木開設極具試驗性質的付費書店「文喫」，日後雖遇上新冠肺炎風暴，九十個客席的使用率仍達八成，近四成客人會同時購書，平均購買金額約三千日圓（約六五〇台幣），是一般書店的三倍之高。

「花時間慢慢選書，喜歡的書就一口氣全買下來的人也不在少數，」日販曾對日本媒體解釋。另外，「文喫」裡沒有暢銷排行榜，也不像日本傳統書店會依出版社順序排列書籍，這裡的書全由專精不同領域的店員，如選品般精選上架，營造出一種可以和書「巧妙相遇」的體驗。

「網路書店光靠演算法來推薦書籍，是無法提供這種人和書之間的『邂逅』，這一點可感受到文喫的意義和價值，」日本博報堂生活總合研究所研究員伊藤耕太曾分析指出。

日本一般小型書店的獲利率只有不到一%，較大型的書店除了加開網路書店，還得靠賣雜貨、動漫周邊拉抬營收，「文喫」用哪些創新服務，開創新的營收來源？

不只賣書，還賣奢侈的「閱讀時光」

許多人質疑，網路下單、書馬上就送到家的時代，為何還需要付錢逛書店？但「文喫」的消費者認為，「在這裡有一種可以沉浸自己世界，不被打擾的奢侈，」一般人就算想閱讀，但家裡誘惑太多，很難專心看書，結果就算上網買了一堆書，卻沒時間看。但在「文喫」則有如身處個人書房，排除干擾的效果，「可以好好沉浸書中，是非常享受的時光，」一名消費者說。

「走進這裡，會被周遭沉浸閱讀氛圍影響，很自然地覺得『要來好好享受閱讀了』，」消費者分享，店裡的音樂也很好，可以安靜看書，「可以好好地刺激大腦，是這個空間的魅力。」

「文喫」裡設計多種座位，有個人座、如咖啡店的矮桌、方便討論的方桌，甚至可躺坐的臥榻，不論在此閱讀、遠距上班，都能找到自己喜歡的空間。

專人客製化選書

除了以入場費維持書店的基本營收，「文喫」還提供收費的客製化選書服務。消費者線上填表，說明自己想找哪個領域的書及其原因。選書員會與消費者電話諮詢十分鐘，最後選出十本書，每本書中夾著書籤，手寫著選擇此書的原因。

日本一名記者實際花費五五〇〇日圓（約一二〇〇元台幣），以「希望開拓新領域」為主題，體驗選書服務，結果被推薦了「平常自己絕對不會接觸，但感覺很特別」的書，一口氣買下四本。

負責選書的店長伊藤晃指出，他會從顧客資料和期待內容中，找出關鍵字，並從諮詢中發掘顧客真正想解決的問題或煩惱的根源，再推薦適合的書籍。這項服務經常預約額滿，也創造出三成回購率，不少選書員擁有鐵粉支持。

來書店花錢聽講座

「文喫」每週平均進行兩次付費講座，也進行線上講座，成為書店的另一項營收來源。例如位於福岡岩田屋三越百貨的「文喫」二號店，與文化教室結合，一年共有兩百多場料理、美術、音樂、運動和親子講座課程，可以帶動來店人潮。岩田屋三越指出，現代消費者興趣、嗜好多元，願意花錢在個人興趣的消費者也明顯增加，是不容忽視的客層需求。文喫也計劃持續擴充講座活動，拉抬既有店面業績在五年內成長五成。

日本蔦屋書店的營運公司文化便利俱樂部（簡稱 CCC），對於現代書店的價值，也與「文喫」有著類似解讀。CCC 社長增田宗昭認為，「只能買東西的平台已經失去價值，能夠提出生活風格，服務提案力的平台才能生存下去。」

蔦屋書店同樣透過講座等活動舉辦，帶動書籍銷售和來客數增加。店內也設有「專業選書員」服務，除了選品、選書，也會依消費者需求推薦書籍。蔦屋書店近年也開始在書店內設置另外付費的「共享空間」，提供舒適不擁擠的個人書桌或沙發，消費者可以在這裡閱讀書店內的書籍，也可在此工作、K書。CCC預計將在東京地區拓展書店附設共享空間達百店。

書店的消失，被擔憂是知識基礎建設的鬆動，但消費者對於沉浸閱讀不被打擾，仍是不變的渴望。日販瞄準這項需求，預計在五年內再增五店，提供充實的時間及場域體驗。

（選自天下雜誌 Web only．2022/07/27．文 施逸筠）

找出關鍵字，並從中發掘顧客真正想解決的問題或煩惱根源，才能擁有鐵粉支持。

——文喫店長 伊藤晃

第四部

為服務業職場加分的祕笈

16

給工作人的漫畫激勵法

學習再接再厲、學習成為後盾、學習心存善念

不少人在二〇二一年底看到三商家購興櫃轉上市，才猛然驚覺，在全聯、家樂福和四大超商夾擊下，以物美價廉為名、定位離家近的美廉社，竟默默在巷弄間開到八百家，背後從零到有的推手，就是董事總經理邱光隆。

現年五十八歲的邱光隆，每次出現總是一身 Paul Smith 時髦合身的西裝，配上真皮繫繩皮鞋，再搭上亮色系領帶，彷彿他掌管的不是賣柴米油鹽的柑仔店，而是時尚摩登的百貨公司。

不過只要跟邱光隆開過會或採訪過他，不難發現他隨身攜帶的筆記本封面，居然是日本超級英雄動漫《一拳超人》，就連和蝦皮合作店到店的記者會上，他秀出在雙十一網購的戰利品，也是一拳超人公仔。

「我真的很愛看動漫，」家裡蒐集一百多本《海賊王》漫畫的邱光隆說，不只自己愛看，還陪兩個兒子從小看到大，如今老大二十五歲，人在美國念書。

平日喜歡小酌微醺的邱光隆，當然也備了一整套足以左右葡萄酒市場的日本品酒經典漫畫《神之雫》，「每當我記起一款紅酒，想要驗證感覺對不對，就會找來翻閱。」

這個嗜好，更讓邱光隆十三年前決定在美廉社成立進口部門，自己從歐洲引進葡萄酒、啤酒，做出通路差異化。因為價格便宜，受到消費者青睞，還被網友封為「被雜貨耽誤的酒商」，或「酒廉社」。

當過送報生、擺過地攤，靠動漫轉虧為盈

不難發現，邱光隆喜愛的那些漫畫或動漫片主角，都是再平凡不過的一般人，通

常有個遠大到被嘲笑的夢想，並充滿信心告訴讀者，「只要努力，沒有做不到的事。我會扭轉命運！」接著一步步升等，往往就會出現奇蹟，扭轉危機。

「漫畫有很大的空間，讓平凡人實現夢想，只要願意努力，」邱光隆每次看到動漫主角贏得勝利，就能從中獲得激勵，「我也要像他一樣。」強大的共感和悸動，或許和邱光隆很早離家、吃過很多苦的經歷有關。

他國中因腳傷輟學，在父親的印刷廠打工，兩年後復學念國中補校，就開始半工半讀，包括凌晨派報、大夜班剪拷帶、擺地攤和花店送貨等等，各種工作都做過。十八歲才國中畢業的邱光隆，知道自己不足，任何事都追求再進步，「加上自己運氣好，一路有貴人相助，才能走到現在。」

他回想，念二專時到花店幫忙送花，因曾補習學過程式語言，順手幫花店寫進銷存系統，無意間被路易威登（Louis Vuitton）當時的台灣代理商看到，挖角他畢業後到LV當倉管。

邱光隆一路從光泉採購、萬客隆採購經理到大潤發副總，向亞洲區總裁建議開設介於量販店和便利商店之間的新店型，就像德國廉價百貨龍頭奧樂齊超市

（ALDI），但未被採納。後來因緣際會，和三商控股董事長陳翔立聊到硬折扣店概念後，禁不起陳翔立三顧茅廬的邀請，便轉職到三商家購催生美廉社。

邱光隆不只追動漫，也追日本推理作家東野圭吾的小說，「經營零售業壓力真的很大，沒什麼出口，只好到動漫、小說裡找支撐點，讓情緒在裡面收斂。」在邱光隆的領導下，美廉社第二年就快速展店八十幾家，讓競爭對手氣得跳腳，要求供應商選邊站抵制美廉社。

那是邱光隆人生最痛苦的一年。到處都買不到貨的他，焦慮到晚上幾乎睡不著覺。他只能從縫隙突圍，直接拿現金跟中間經銷商買，一家家慢慢談，品項才增加到三千多項，但兩年已燒掉兩億，不得不再跟董事會伸手。為了再壓低成本，邱光隆決定進貨採買斷方式，客人反應不好被下架的商品，就送到折扣店以三折出清。

「動漫裡看到有人比我更慘，不會有罪惡感，內心也能獲得平復，」邱光隆告訴自己，再堅持下去，一定能成功做出來。果不其然，美廉社五年就轉虧為盈，從三商控股的敗家子搖身變成小金雞。後來他發現，淺顯易懂、大多數人都看過的動漫畫，不但能砥礪自己，也能拿來鼓舞員工的熱情和提振士氣。邱光隆究竟如何拿動漫虛構情節，到現實世界激勵員工呢？

向《一拳超人》學再接再厲

在日本網路漫畫家ONE的筆下，《一拳超人》熱血主角琦玉不管面對任何強大的對手，只要一拳就能解決。二〇二一年美廉社的全國店長大會上，邱光隆引用了《一拳超人》琦玉的名言，「世界上沒有一拳不能解決的事，如果有，那就兩拳！」勉勵店長們，有些改變未必一次就能成功，必須再接再勵。

原來二〇二一年邱光隆賦予八百位店長不少新任務，包括展現出各店的魅力、推動滿額加價購，以及加購糧倉鮮奶折扣卡等等，都是為了拉高客單價，或創造顧客忠誠度的新招式。然而店長們卻怨聲載道，不斷跟邱光隆討價還價，一來美廉社分店平時值班人員就少，本來就快負荷不了，再增加這些業務專案，只能舉雙手投降，「真的很難做！」一位店長忿忿不平地說。

透過《一拳超人》聽起來稀鬆平常卻勵志的台詞，邱光隆想讓店長們明白，未來的零售業，挑戰會一直來，與其自怨自艾地坐以待斃，不如抱定一次就要成功的信念，勇敢努力向前，「就算結果不能盡如人意，也不用氣餒，第二次再把它做好。」或許有了《一拳超人》的信念相隨，二〇二一年疫情期間，四大便利商店的平均客單價不過成長六%至七%，美廉社居然逆勢拉高兩成以上。

二〇二二年再開全國店長會議時，邱光隆在頒發最能展現店魅力前三名門市之前，又提起《一拳超人》，「大家都知道，如果有一拳不能解決的事，就兩拳。那麼要是兩拳還不能解決呢？」他停頓了一下，像在賣關子，環視台下八百位店長一圈，然後嘴角上揚笑著說，「就三拳、四拳啊，多打幾拳，總能把事情做好。」

重點在於，店長們必須勇敢出拳，而且每次都得落在同一個點上，「不能這次打這邊，下次打那邊，永遠都不會有結果，」邱光隆強調，不放棄，也要用對方法。

向《鬼滅之刃》學成為後輩的盾

四年累計銷售量就破億，超越《航海王》成為日本漫畫史上銷售最快的超人氣漫畫《鬼滅之刃》，邱光隆也沒錯過。《鬼滅之刃》是日本漫畫家吾峠呼世晴在二〇一六年創作的奇幻漫畫，三年後動畫版上映，原著也跟著水漲船高，主要描述主角竈門炭治郎為了尋求被變成鬼的妹妹變回人類的方法，而踏上斬鬼之旅。

邱光隆對上映三天票房就破億的《鬼滅之刃劇場版無限列車篇》，印象特別深刻，尤其是和炭治郎一起搭上無限列車，調查列車上多人失蹤的鬼殺隊最強劍士「炎柱」煉獄杏壽郎。

杏壽郎明知打不過眼前的食人鬼，仍堅持迎戰，「因為我是柱，成為後輩的盾，是理所當然的事，」杏壽郎這樣安慰淚眼婆娑的炭治郎。最終杏壽郎還是戰死了，但無限列車上的後輩和平民無人死亡，他守護了身後所有人的性命。看到這一幕，邱光隆想起門市第一線兼職人員的委屈和高流動率。

原來美廉社有些店長和正職人員，只要犯錯被總部究責，都會毫不猶豫把矛頭指向兼職人員，「因為PT沒獎金，被記大過也沒關係，」邱光隆看過很多深具榮譽心的兼職人員，不甘被誤會憤而離職，造成門市離職率居高不下。

因此每週六、日，邱光隆只要巡店碰到店長，總會說起杏壽郎的故事，並再三提醒，「你就是一家店的『柱』，既然是柱，沒有後退逃跑的理由，」邱光隆苦口婆心叮嚀店長，要幫店裡擋下所有事，尤其不能讓新芽太快夭折。

如同母親對煉獄杏壽郎的教誨，「能力愈強，責任就愈大，」邱光隆認為，能夠晉升為一店之長，就是擁有強大的力量，「守護弱者就是強大者的責任。」但也不能一味呵護，邱光隆期許店長給年輕人機會，培養他們不怕挫折的精神，如同杏壽郎將死之前交代後輩，「就算被自己的弱小和無力擊倒，也要燃起鬥志、咬緊牙關向前邁進，」他要店長和杏壽郎一樣，真心相信後輩們也能克服難關，成為像他一樣頂天立地的柱。

向《神隱少女》學心存善念

為日本傳奇動畫大師宮崎駿在國際影展贏得最多掌聲，甚至囊括柏林影展最高榮譽金熊獎和奧斯卡最佳動畫的《神隱少女》，應該是邱光隆看過最多次的動畫電影。

《神隱少女》描述十歲的少女荻野千尋，與父母一同前往新家的路上，因為迷路，誤闖了一個人類不應該進入的神靈國度，展開千尋的奇幻之旅。「看到人性的貪婪，」邱光隆從千尋的父母、湯婆婆、白龍到無臉男，細數他們都因貪念而迷失自我，「千尋能夠活下來，是因為心存善念，透過幫助人而獲得別人的幫助。」

這故事對於邱光隆日後經營企業做決策、下判斷的影響很大，「這件事到底做得對不對，或者員工犯錯罰則的輕重，都與是否心存善念有關，」他坦言。邱光隆也時常拿《神隱少女》的故事跟主管說，用不著每件事都請示，「只要出發點良善，是為公司好，而非基於個人私利，你們任何決定我都支持，也會陪同一起負責。」

向《海賊王》學看長不看短

連載至今二十六年的日本人氣動漫《海賊王》，則是邱光隆經營管理的啟蒙，從大潤發時期當上店長，就不時拿出來跟團隊分享。

《海賊王》講述少年魯夫是個連游泳都不會的菜鳥海盜，一心想當海賊王，卻被許多人嘲笑，但他不放棄，一路尋找伙伴，努力達成目標。魯夫從不認為自己可以獨力當上海賊王，因此他找進來的團員，每個都有不同的長處，魯夫以他想成為海賊王的夢想激勵團員，並在冒險的旅程滿足團員各自的夢想，而團員也能不斷精進自己的實力。

「《海賊王》最重要的管理哲學，就是『有教無類』，」邱光隆分析，海賊團每個團員都擁有一種專長，不過一開始並不明顯，而是被魯夫一步步激發出來。草帽海賊團裡看起來最沒專長的團員，大概就是有著長鼻子的狙擊手「騙人布」。他的個性膽小怕事又極度悲觀，一遇到危險就藉故趕快逃跑，還愛吹牛說大話，集所有缺點於一身。但騙人布卻在魯夫不斷刺激和鼓舞下成長，甚至能獨當一面，在司法塔用彈弓單挑整個海軍執法隊，展現萬夫莫敵之勇。

「在組織的確是這樣，但不容易做到，」二十年的零售管理經驗，讓邱光隆深刻體悟，身為領導者，如果能找出既有團隊成員的獨特且無限的潛能，提供一個環境讓他們發揮，管理成本相對低。

要是團隊所有成員都從外找領域最好的人才，成員彼此之間的磨合是挑戰，更現實的狀況是，人事成本被無條件墊高，「這些菁英能否適應企業文化，又是另一個問題，」邱光隆觀察。

律己甚嚴的邱光隆，為了建立團隊，要求自己向魯夫學習，欣賞團隊成員值得被肯定、有潛力的優點和長處，不要那麼在意他們的缺點，「如果我要看大家缺點，大概所有人都會被我砍掉，」邱光隆說完哈哈大笑。

就如同魯夫所認定，每個人都有生存的價值，領導者必須讓團隊成員為公司貢獻出獨特的價值，「我還得負責把每個人的缺點收起來，讓彼此間的溝通暢行無阻，」邱光隆以經驗說明。

準時開店，是給客人的不變承諾

「但員工也不能有致命的缺點，」邱光隆說，他唯一無法忍受的是員工「上班遲到」，「沒有什麼奇怪的理由，因為店，」他若無其事說。

十七年前，邱光隆帶了四個人在蘆洲開了第一家美廉社，他一個人兼採購、營運和店長，初期只有五百個品項，為了節省人力，商品進貨後，打開箱子就上架賣，不用擺設陳列。

美廉社不像便利商店二十四小時營業，一早七點開門之前，通常就有客人等在店外。邱光隆在試營運階段親眼見證，過了說好的七點開門時間，門市鐵門還沒拉起，會讓客人愈等愈不耐煩，「到底是店關了以後不開，還是員工遲到？」

他的下一任店長、也是第一任儲備區督導，就因為遲到被邱光隆炒魷魚，「我給了他兩次機會，從那天開始，門市早上第一班遲到，我一律記大過，」接受《天下雜誌》採訪當天，邱光隆還在簽門市員工的大過單。

對邱光隆來說，經營零售業，與時俱進往消費者的需求靠攏很重要，但不管店型或銷售方式再怎麼變，他堅持給消費者的承諾，永遠都不能變。

（選自天下雜誌 Web only．2022/06/08．文王一芝）

讓我們透過對科技與人性的應用和洞察，
以毫無違和的時空維度，
不斷地滿足消費者需求而存在吧！

——三商家購美廉社董事總經理 邱光隆

17

增加工作認同感的戲劇課

扮演好自己的角色，與團隊一起成長

二〇一九年的清明節連假，一位七十多歲的阿嬤在嘉義知名的林聰明沙鍋魚頭光華分店用餐，吃到一半，突然噎到暈倒。店內員工當下發現異狀，不慌不忙，第一時間先打一一九叫救護車，每個人各司其職，上過急救課且領有救生員執照的員工，自告奮勇替她進行CPR，有員工安撫家屬、有員工指揮交通引導救護車、有員工負責跟執行長林佳慧熱線回報，還要有員工繼續維持現場客人需求。

最後這場意外事件，在井然有序的「自動分工」下化解危機。等林佳慧趕到現場，第一線員工已經把事情妥善處理完畢，救護車還沒到，阿嬤就已經清醒。林佳慧事後回想，也許是六年前的「戲劇課」為員工們奠下的基礎。

服務就是表演，無法NG重來

風靡全世界的迪士尼樂園，要求每位員工穿上制服的那一刻，就把自己當成演員，現場就是舞台，服務客人就是一場表演，這讓熱愛欣賞藝文表演的林佳慧很有共鳴。「服務業就跟舞台劇演出一樣，不能NG重來，就算發生狀況，也要自然地演下去，」林佳慧認為，客人上門，就是要來看服務人員演出。

不過真正讓林佳慧決定開戲劇課，很大原因和員工一半都是八年級生有關，「他們面對手機的時間比面對人的時間還多，」林佳慧發現，員工可以在臉書、Instagram上侃侃而談、展現自我，但要是讓他們站到第一線真實面對客人，往往都手足無措，不知如何應對。

印象最深刻是多年前的一個客訴，「客人都走出店外，我還站在後面繼續鞠躬道歉，」林佳慧正襟危坐、收起爽朗的語氣說。她回憶，那天下著大雨，一組從北部來的客人急著進店用餐想躲雨，客人指著後方的空桌問，「能否入座？」十七歲的店員直覺還沒開始營業，很直接回應，「那邊不能坐！」客人心裡很不是滋味，當場就客訴。即使這位店員當下就道歉，仍被客人認為誠意不夠，用餐後怒氣未減，走出店外後，想想氣不過，又走回店裡繼續罵。

林佳慧心想，要是員工第一時間能觀察到周遭的環境、天候以及客人急著想入內用餐的感受，多一句「不好意思，這邊還沒開放」，把「道歉當成一種服務」，也許就能緩和緊繃的氣氛。

她想到幾年前曾上過政府舉辦的戲劇開發課，「戲劇老師很會觀察人，」跟一般教導禮節、烹飪技術等課程不一樣，「戲劇能開發每個人的潛能，了解自我。」她和爸爸林聰明本來就熱愛藝術，每次只要紙風車劇團到嘉義演出，無論遠在阿里山或偏鄉，她一定派團隊送上熱騰騰的宵夜給演員暖胃。在紙風車劇團的介紹下，她特別拜託嘉義在地的「阮劇團」為林聰明沙鍋魚頭量身打造屬於服務業的戲劇課。

不要制式SOP，保有個性和人情味

只不過服務業不比上班族，營業前三小時就得到店裡備料，結束營業後還得打掃清潔，長時間工作的疲累，員工們怎麼還有精神上課呢？

「上過阮劇團的課，才真正讓我開發肢體，」在林聰明沙鍋魚頭任職六年的陳茹薏說，之前念餐飲科，但學校從沒教過她們與客人、伙伴甚至老闆的應對。也因此林佳慧雖沒硬性規定參加，這堂一個月一至二次、在收工後十點才開始的深夜戲劇課，仍吸引了十五至二十位員工參與。

事實上，這也是阮劇團首次幫服務業開課，阮劇團團長蔡明純說，「戲劇教學不是要把每個人都變成演員，到舞台上演出，」她解釋，戲劇教育以創作性戲劇、即興演出、角色扮演、模仿、遊戲等方式進行，讓參與者在互動關係中，能充分發揮想像，表達思想，由實作而學習。在歐美，許多國家都把戲劇教育納入基礎教育，幾年前英國喬治小王子的學習課表公開，其中便包含了每週四十分鐘的戲劇課。

尤其林佳慧希望保有街頭小吃的「人情味」，除了基本的「請」、「謝謝」等禮儀，她不要求員工像連鎖餐飲業必須制式化地四十五度鞠躬，或是用高昂音調迎接客人，反而希望員工保有自己的個性，「藉戲劇提升自信心，就能端出一道好服務。」阮劇團到底如何透過戲劇教育，讓這群Y、Z世代建立自信、揣摩出自己的服務，甚至冷靜地面對客人的出招呢？

練習走路，展現自信

服務業每天都要和無數的陌生人接觸，尤其是第一線的服務人員，一言一行都代表著公司的門面，如何讓客人在開口之前，就感受到這間店的形象，肢體語言尤其重要。蔡明純指出，戲劇教學裡的第一堂課，最重要就是教學生「走路」。

走路生來就會，為什麼還要學？蔡明純賣個關子，先請學員依照平常的方式來回在劇場行走。仔細觀察，有的人駝背，有的人拖著腳，「走路可以看出一個人是否有自信，」她說。接著蔡明純又給出指令，想像在狹小的空間走路，感受與人擦肩而過身體的反應。又或者模擬一個人走路、群體走路、後方有人追逐、在黑暗的空間裡、地板發燙時等情境，觀看每個人在各種場合下的肢體變化，讓學員先從認識自己的身體，進而調整外在的姿態，再轉變成挺身、提起腳跟等有自信的行走。

下一步則是透過跳街舞，練習「被看」。個子嬌小的陳茹薏，十六歲就到林聰明沙鍋魚頭打工，她在學校雖然念餐飲科，但專攻不需要面對客人的烘焙，工作時也站在後場居多，個性害羞的她笑說，「第一次上跳舞課，四面八方都是鏡子，起初我都不敢看鏡子裡的自己。」但為了要和大夥合力跳完一支MV舞蹈，老師要求大家直視鏡中的自己，陳茹薏才敢正眼觀察自己的身體動作。回到工作崗位上，她也改掉過去不敢直視客人的壞習慣，「現在看到客人都會主動點頭，變得比較有自信。」

蔡明純說，肢體課不是建立一套標準，而是引導學員更懂得開發、認識自己的身體，「最高境界是，透過眼神就能問候客人。」

在遊戲中學臨場反應，靠工作小物建立認同感

一場出色的演出，通常都有一個令人拍案叫絕的故事和劇本。但餐飲業面對包羅萬象的客人，可不能都按照寫好的劇本來，這時「臨場反應」就很重要。尤其林聰明沙鍋魚頭平均一天有一千三百位來客，是其他店家的四倍之多，一整天處在高壓緊繃

的工作狀態下，如何在維穩手中的工作之下，碰到狀況還能處變不驚，可說是每位員工最大的挑戰。

阮劇團在課程裡設計互動小遊戲，以每十五分鐘為一單位，二或三人分成一組，類似官兵捉賊遊戲，每個人在每一回合扮演不同角色，但小組必須在時間內完成闖關任務。每一次分組都面臨不同組合，有的人猜拳總是贏、有的人擅長講話、有的人理解力快，每個回合的遊戲都會遇到不同的大魔王關卡。

蔡明純說，如同服務業不可能永遠遇到彬彬有禮的客人，即便上一秒在後場出錯被罵，下一秒走到前場就要收起負面情緒，隨時都要因為碰到不同的任務關卡，必須馬上調整自己的心態應對，每個遊戲回合都有如一場「即興演出」。

一直以來，餐飲業的流動率很大，除了員工勞動強度高、工作內容重複且單調，年輕員工若無法在工作中找到成就感，很容易另尋他路。

其中一堂戲劇課，阮劇團要學員帶工作上的重要工具或配件。蔡明純印象最深刻的是，有人帶了「長湯勺」。原來這位員工觀察到，店裡能掌勺、舀沙鍋的人，通常具備一定資歷，他希望有一天也能成為林聰明的「掌勺人」，一勺一勺舀出排隊美食的好味道。有趣的是，過往這位負責掌勺的員工，並不認為自己的工作有多重要，反倒是聽了同事的分享，以及從旁人的肯定中，更加強了自己對工作的認同。

林佳慧說，目前店內固定的掌勺人約有八位，看似簡單的翻攪動作，卻是需要長時間的訓練。如何讓豆腐、豆皮、黑木耳、豬肉、蔬菜、魚頭等一鍋一百台斤的食材勻稱入味，取決有經驗的手勁和攪拌時間。

演出自己的工作，化解對伙伴的誤解

一九五三年創立的林聰明沙鍋魚頭，從街頭食物起家、傳承三代。林佳慧從父親、阿公手中接棒，雖然透過企業經營的方式管理，但她也深知，最難控管的其實是人心。「不能用制度來衡量員工，這樣很容易扼殺年輕人的成長，」林佳慧總站在人性的角度看待員工，認為只要團隊彼此相互合作，就能成就每一天的完美演出。

為了進一步凝聚員工的向心力，阮劇團設計了一堂「跳繩課」。四十尺的大跳繩，一開始一個人跳很輕鬆；接著兩個人跳，注意到起跳的頻率要一樣；三個人一起跳，出錯的機率變高，開始研商策略；接著四、五個人到最後十個人一起跳，必須要有高度集中力，還要一起喊口號，無形之間形成合作的默契。

另外，阮劇團也要學員在劇場「演出」自己的工作狀態，有人燙青菜，有人炸魚頭、舀沙鍋，有人則是洗碗、處理線上出貨單。蔡明純說，平常每個人都專注於自己的工作，容易忽略其他同事其實跟自己一樣忙，藉由戲劇的「重新演出」，反而可以讓各部門了解彼此，降低跨部門合作的誤解。

才三十歲就任職滿十四年，不但是林佳慧特助，還身兼門市營運部高階組長的陳冠廷說，早期只有幾個幹部主管會關注到整體內、外場狀態，經過戲劇課的課程，「現在整體都會注意到小細節，哪個工作需要協助，大家都會自動補位幫忙。」

雖然這門深夜戲劇課已過了六年，但表演藝術不像語言或技能課程，今天教了，明天就能馬上應用，林佳慧深信，「總是有一個平行時空的A點，會在未來某一個地方發酵，」就像四年前員工聯手救阿嬤，正是因為六年前她為員工種下的戲劇種子，在多年後的某一天突然萌芽。

「沒上戲劇課之前，可能會覺得很多事情跟我無關；上了課之後，反而更加強和同事之間的默契與分工，」陳茹蕙說。林聰明沙鍋魚頭目前的離職率是五至八%，只有坊間餐飲業的四分之一。

接班十九年的林佳慧，每年提供各種教育訓練課，激勵員工除了賺錢，也要追求夢想，跟著團隊一起成長，「我阿公時代拿一根勺子養活一家人，我爸爸也是握著勺子傳承阿公的使命。到我這一代，拿勺子不只我一個人拿，而是全部的員工一起拿。」

她認為只要團隊彼此相互合作，就能把服務做好，如同戲劇一樣，每個演員扮演好自己的角色，團結合作就是完美演出。

（選自天下雜誌 Web only・2022/05/04・文 鄭景雯）

服務業跟演員一樣，要具備觀察、創造、肢體、想像、表達、合作、溝通、同理心。

——阮劇團團長 蔡明純

18 獎勵制度，低離職率的祕密武器

發自內心的讚美，讓團隊更有向心力

疫情後內需爆發，飯店、餐飲業隨即面對的困境就是缺工！祭出高薪也不一定請得到人。即便找到人，如何激勵員工主動積極服務客人，是中階主管頗具挑戰的任務。最好的管理方法，其實就是不用管，讓員工能自動自發做好服務。但光靠加薪和升職來提高工作動力，效果往往不持久。那該做什麼？「沒有人不喜歡被獎勵，」星期五美式餐廳（TGI Fridays）創辦 CEO 史考金（Daniel R. Scoggin）曾給《天下雜誌》記者這樣的答案。

史考金就是Fridays獎勵制度的制定者。不同於其他服務業員工，公式化服務客人，Fridays要求外場員工把自己的個性和服務結合，「唯有透過獎勵文化驅動員工熱情，才能超越顧客期待，創造傳奇式的服務，」史考金解釋。

史考金並非Fridays的創辦人，但在位那十五年，除了帶領Fridays晉身美國坪效最高的餐廳，擴張版圖跨海到英國展店，更重要的是，他一手制定Fridays傳承半世紀的企業文化。「史考金最大的貢獻，就是建立表揚文化激勵員工士氣，不只改變了Fridays團隊，也影響好幾個世代的餐飲管理者，」擔任過台灣Fridays董事總經理，現任德州鮮切牛排國際部總裁卡羅爾（Hugh J. Carroll）稱讚。

靠徽章，比同業低三〇%的離職率

落實獎勵文化，讓Fridays二〇二一年的離職率，比業界同樣以兼職為一線主力的連鎖餐飲品牌低三〇%。Fridays品牌授權的台灣經營者，開展餐飲集團營運長李宏智發現，積極執行獎勵制度的Fridays分店，離職率比其他店低五〇%，績效達成率也高出五〇%。

在台灣的服務業界，「星期五幫」是一種血統。包括勞瑞斯牛肋排餐廳總經理蔡毓峰、雄獅集團欣食旅總經理陳斯重、貳樓董事長黃寶世、瓦城泰統集團廚務協理蔡秉錚等，都曾在 Fridays 工作。

講起 Fridays 的激勵文化，當年待兩年就拿到最高榮譽金星獎章的蔡毓峰說，基層伙伴對獎章真的很有感，資深同事很在意，同儕之間也會比較，是一種榮譽象徵。「加入臉書社群的星期五幫，首張 po 上來的照片，幾乎都是自己集了多少個 pins（獎章），」李宏智觀察。

根據 Fridays 內部的《徽章獎勵制度指引》所述，獎章激勵制度的創意，來自一九七〇年代中期在美國達拉斯總部旁的 Fridays 直營店店經理。他突發奇想到軍用品店購買星型獎章，只要第一線員工被客人稱讚，他就在開店前的聚會頒發獎章表揚，並鼓勵他們別在身上。史考金覺得這個點子棒透了，決定採用並發展出 Fridays 獨特的獎勵機制。

即時鼓勵，但不要流於形式

史考金發明了三十六種獎章，分別代表了工作技巧、領導能力、顧客服務、業績表現及巨星表現等不同意義，但用意都是為了肯定員工的工作表現。翻開台灣Fridays歷年員工手冊，內容或許多少有增減，但最後四頁必定是解釋每個獎章所代表的意義。

「獎勵是Fridays非常重要的文化，給予每個獎章都要很謹慎，」被伙伴或分店總經理私下稱為「Fridays訓練學校校長」或「Fridays文化守護神」的台灣TGI Fridays資深訓練部協理余偉鴻說。

除了金星和銀星獎章必須由副總裁以上層級親自頒發，其他大部分的獎章，都可以交由各家店總經理認定授予。店總經理通常選在中午或晚上開始營業前十至十五分鐘的Alley Rally（巷弄拉力賽，這裡指集結在餐廳某個角落的勤前會議），公開表揚員工的好表現並頒發獎章。

李宏智背包裡隨時備有一大和一小藥盒，裝的不是藥丸，而是各式各樣的獎章，

「我一進 Fridays 就被教導，至少要隨身攜帶 Wow 獎章，訪店時有機會就要獎勵現場伙伴，」他不好意思說，訓練部伙伴不時會提醒他，獎章發太少。激勵要有用，頒發獎章就不能流於形式，Fridays 鼓勵中高階主管，努力創造不同的頒獎情境。

給被獎勵員工難以忘懷的情境

李宏智每次巡店，只要客人讚美「今天的服務人員很棒」或「豬肋排烤得很好吃」，他會請那位外場或廚師來到桌邊，拜託客人代替他把獎章頒給他們，「從客人手上接過獎章，溫度會更不一樣，」他強調。

要是手上沒有獎章，不少值班主管興之所至，甚至把自己每天別在身上的獎章拿下來，頒發給表現優異的員工，他們會更珍惜。余偉鴻總利用各種機會，鼓勵獲獎伙伴把獎章別在身上，因為這是榮耀，也能成為拉近客人距離的話題。

他更要求主管，不能只是給獎章，而是透過言語的鋪陳，營造出讓獲獎者感動、圍觀者羨慕的氛圍，「主管不只是表揚，而是告訴他獲獎原因，他會感覺身邊伙伴都真心為他鼓掌，過兩天，就會換一個員工複製他的好表現，」余偉鴻認為，透過表揚來激勵員工，很鼓舞人心，成為一種善的循環。

所有獎章裡，以九個與工作技巧有關的獎章，考核最為嚴謹。不管前台、外場和內場，必須在每個工作站完成修習，並輪值過週末假日的尖峰時段，通過考核才能獲頒獎章。「工作技能獎章等於對員工工作能力的認證，證明工作方法達到公司要求，」余偉鴻說，給予每個獎章要非常謹慎。

不少剛進Fridays的新人，都以為後場洗碗站的培訓很簡單，但實際上卻是工作站的大魔王。「雖說不過是放進洗碗機，也要先想好該怎麼洗，」李宏智回想，以前擔任實習經理到洗碗站輪值，必須在十至十五分鐘內洗淨並擦乾兩、三百個客人使用過的杯盤刀叉，否則廚房第二回合出餐，將無餐具可用，「洗碗機洗過的鐵盤還黏有起司，杯緣仍殘留鹽圈，不能不特別處理。」

特別的是，Fridays每新開一家分店，員工在開幕前一晚，都能獲頒一枚開店獎章，像李宏智就擁有七個開店獎章，「光看身上的獎章，就能認識他在Fridays的歷史，」李宏智透露。

各國Fridays團隊也會自創獎章，像台灣Fridays訓練團隊，就開發出兩款以台灣為主視覺的獎章。其中一款台灣讚獎章，只要在 Fridays 任職滿一年，即可入袋。每個 Fridays 人，身上幾乎都有 Wow 獎章。這個為客人提供卓越服務，或工作表現足以當作楷模的 Wow 獎章，幾乎是所有新人獲頒的第一枚獎章。

六十五年次的台灣 Fridays 訓練經理莊淳閔猶記，二十五年前剛進世貿店打工，不到兩個星期就獲頒 Wow 獎章，理由是清潔工作做得最快。很多人不免感到疑惑，這麼簡單就能獲得獎章？「為什麼不可以？就是要這樣，新人才知道 Fridays 多有趣，」李宏智笑說。

當值班經理在開店前會議頒給莊淳閔 Wow 獎章，所有伙伴為她喝采，大叫一聲「Wow」，讓她感受到莫大的肯定。八年前，莊淳閔接任信義店總經理，從年營業額六千萬，每年增加一千多萬，二〇一九年正式破億，她也打敗七十家 Fridays 分店，獲頒亞太區最佳店總經理，專程飛到美國達拉斯總部領獎。最高榮譽除了獲得水晶獎座，還有一支背後刻著她名字的勞力士手錶。「獎章是對我努力工作的認可，讓我有信心好還能更好，」雖然退居後勤，莊淳閔難以忘懷獎章帶給她的成就感，她保留下五十三個獎章，「本來應該不只，但以前我把很多重複的獎章拿去獎勵員工。」

在靈光俯拾即是的年代，創新不是太大問題。真正難的是，在時代浪潮下，必須維持 Fridays 半世紀以來的優良傳統。如同星巴克咖啡 CEO 舒茲（Howard Schultz）所說，「實行有效的激勵機制，不但為公司帶來更多利潤，也能讓企業更具競爭力，我們何樂而不為呢？」

（選自天下雜誌 Web only．2021/12/22．文 王一芝）

不只是表揚，而是告訴他獲獎原因，
他會感覺身邊伙伴都真心為他鼓掌，
過兩天，就會換一個員工複製他的好表現。

——台灣 TGI Fridays 資深訓練部協理 余偉鴻

第五部

OMO
服務加值

19

線上＋線下OMO實踐守則

把握關鍵時刻，讓客人自然而然記得你

二〇二二年四月新冠本土疫情警報第三次襲來，這次換傳染性極強的Omicron席捲台灣，短短一個月，本土單日確診人數就像失速列車般，從一百例一路飆升至五萬。沒有意外，服務業仍是站在疫情海嘯第一排的重災戶。

在與病毒共存的前提下，沒禁內用的餐飲業，業績降幅沒想像中大，約下滑三、四成，影響比較大的吃到飽、中式桌菜，則跌到剩五成。「比起去年（二〇二一年）母親節後直接跳崖，今年拉長整個五月來看，算不差，」王品餐飲集團發言人朱文敏

指出。

百貨業可就沒去年幸運，疫情走升碰上前半年最大檔期母親節，原本規劃好的消費縮手，業者只好拚命以線上輔助線下減少的人潮，以新光三越為例，業績比去年同期減少一成五至兩成。除了把去年三級警戒緊急推出的外帶外送、櫃姐熟客系統，再拿出來行禮如儀地執行一次，疫情下客人不上門的服務業，還能做什麼？

衝業績當然是必要之惡，也是企業生存下來的硬道理，不過想在疫情期間進補業績，的確是耗時費力，還不見得有效。許多企業選擇，與其徒勞無功地追業績，不如在疫情期間花心思服務好客人，搶攻心佔率，等到疫情結束，客人自然會衝著好服務主動找上門。

不過在疫情期間搶攻客人心佔率，也沒那麼容易。一方面確診、被匡列的民眾無法外出，家有老人、小孩的消費者又不敢出門，現場人員根本見不著客人，不知從何服務起。就算客人進店，服務人員為了防疫緊戴的口罩，幾乎遮住全臉三分之二，再怎麼用力微笑，客人也看不到，如何傳遞服務溫度？

服務業OMO：打造多重口碑

如同電商改變銷售模式，疫情隔離也帶來服務模式的變革，現在想做好服務，非得透過OMO（Online Merge Offline，線上整合線下），多管道打造口碑和記憶點，才有辦法讓消費者非你不可。

所謂服務OMO，實體強調把握住與客人見面的關鍵時刻，提供令人難忘的服務體驗，並利用科技蒐集個人化數據；至於線上服務，除了客製化互動，也要透過內容行銷傳遞品牌價值和溫度，讓消費者隨時想到它。而服務的口碑和記憶點，也將完美串連線上線下導流，形成無限循環，帶動疫後的業績成長。

「疫情還願意進店用餐的客人，太難能可貴，怎能不好好服務？」旗下擁有台灣Fridays、德州鮮切牛排的開展餐飲集團營運長李宏智提高聲量說。提供給客人安心、安全的購物或用餐環境，絕對是疫情期間線下服務的最高指導原則。

疫情在實體服務最大的挑戰，莫過於口罩遮蔽了第一線服務人員想透過表情、微笑，傳達給客人的款待精神，甚至連客人對服務過程的即時反應也難以辨識。

現場三寶：安全、把眼睛露出來、設計服務體驗

在美國密西根州立大學（MSU）擔任溝通指導員，以及演講及辯論團隊總教練的人際溝通專家錢柏斯（Cheryl Chambers）認為，只要善用眼神接觸、肢體語言和聲音語調，一樣能打破口罩的藩籬。最直接的方法，就是利用沒被口罩遮蓋的雙眼和身體，重新找回交流的主控權。比如，凝視客人的雙眼，或者和客人交談時，身體可以微向前傾、點頭，顯示服務人員的專注傾聽。

「很多人眉毛和眼睛的表情容易鎖起來，」長年投入聲音開發與劇團指導的「聲音教練」魏世芬提醒，不妨透過眉毛和眼睛之間的張力，讓客人感覺服務人員很期待、並願意付出，「記得把頭髮往後撥，讓客人清楚看到你的眼睛。」

同時也不能忽視聲音的力量。除了說話的用詞，還能善用音量、語氣和停頓來傳達訊息。「說話時咬字要清楚，嘴角向上提，比較能讓人感覺有親和力，」藝文圈和服務業共同的聲音訓練師魏世芬透露祕訣。

現場的服務體驗也該重新設計，並滾動式調整。舉例來說，疫情間服務人員都會

要求客人，進店前必須先以酒精消毒雙手，但有頂級 SPA 店就貼心地在噴酒精前詢問客人，「您對酒精會不會過敏？」短短一句話，讓客人感到備受關心。高雄漢來飯店也直接在服務人員胸前，貼上他們沒戴口罩的燦笑照片徽章，彌補客人見不到服務人員笑容的遺憾。

外帶法寶：照顧外送小哥，做好最後一哩

外帶外送更是現場服務的延伸，絕不能馬虎。

被喻為台中最難訂位的屋馬燒肉，防疫期間推出的燒肉箱包裝就很「厚工」（台語，工序繁複的意思）。寄送之前，屋馬服務人員會先致電給客人，確認貨到有人接收，並再三提醒食材保存和烹調方式。燒肉箱的保麗龍盒外，還煞有其事綁上緞帶，讓客人就像收到禮物般驚豔。

打開王品每家店前十份外送餐盒，除了美味餐點，還有店經理親手寫的小卡片，體現數位時代下的客製化手感貼心。另外，王品也注意到，代替王品把餐點送交客戶手上的，是 Uber Eats 等第三方外送平台，於是提供給每位上門代客取貨的外送小哥

免費冷飲和麵包，不讓他們口渴或餓著，外送騎手才會小心呵護客人的外送餐點。

也因為在乎最後一哩，饗賓去年自建「饗帶走」外送平台，除了委託快遞配送，更提供額外獎勵，鼓勵門市人員外送餐點，「由員工親自送交客人手上，代表饗賓的一份承諾和品牌服務價值的延伸，」饗賓集團總經理陳毅航強調。

線上經營：社群互動、內容行銷不可少

對於服務業不擅長的線上經營，有兩種傳達品牌服務價值和溫度的方法，一是社群互動，再來是內容行銷。

海底撈慶城店經理陳彥廷做了示範。二〇二二年四月底一位網友在慶城店的Google 評論留言，自己確診在家被關到快瘋掉，只能趴在窗邊，想念可以出門吃海底撈的時光。沒想到當天店經理陳彥廷就回覆，關心他的身體狀況，並與他聯繫、寄自煮小火鍋給他，還準備等他之後可以外出用餐時，幫他安排座位，最後祝他平安健康，讓網友感受到海底撈的真心關懷。「這不是海底撈的 SOP，」七十三年次的陳彥廷說，他也被居隔過，明白那種心理壓力，雖然無法面對面服務客人，心想自己至少

能隔空透過文字，舒緩客人不安的情緒。

影片製播或知識分享，則是疫情見不到客人的限制下，另一種傳達品牌溫度的方式。為了讓三年不能搭飛機的乘客不要忘記他們，被喻為「被航空耽誤的文創公司」的星宇航空，也藉著四週年的一系列企劃，找來紅透半邊天的網路節目《木曜四超玩》和藝人合拍一日空服員，邀請百位粉絲舉辦兩萬英呎天空慶生趴、直擊星宇訓練中心和體驗員工餐廳。

看起來雖是熱鬧的慶生趴和藝人搞笑影片，但事實上節目和活動中有大半內容，都在推廣飛航安全教育。像是搭機碰上危難時，如何緊急從充氣滑梯正確逃生，或是行李箱內的手機起火如何滅火，甚至水上逃生如何等待救援，在在都傳達星宇對飛安的重視。

大店長讀書會創辦人尤子彥建議，餐飲業可以趁疫情多傳達產地食材資訊，建立消費者對品牌的信賴，或者仿效國外品牌運用 AR、VR，讓客人在線上參與商品的產製過程。

關鍵：刷存在感，讓客人記得你的品牌

然而，從線上傳遞品牌的服務溫度，比較難期待像新零售 OMO，能夠直接獲利，最重要的是刷存在感，維繫和客人的關係，讓客人不要因為疫情而忘記這個品牌。「消費者很健忘，一陣子沒看到品牌新聞或沒進餐廳，就忘了你還在，或以為你倒了，」晶華酒店餐飲執行副總羅明威觀察，只要強勢品牌不斷洗腦消費者，弱勢品牌很容易被忘掉。

雖然都是 OMO 虛實整合，但新零售和服務對品牌和消費者創造的價值，卻截然不同。以銷售 OMO 來說，線下提供消費體驗、促使客人埋單，線上則羅列完整商品資訊，和個人化的商品推薦。而服務 OMO，線下在意的是人與人之間的接觸和交流，線上則強調不受時間、空間限制下的互動。

但服務 OMO 最重要的原則和新零售一樣，不論線上或線下的服務體驗，不能成為兩條平行線，主軸必須符合品牌的個性和服務基調，才能形成一個 O 型循環，三百六十度無縫包圍客人，最後讓線上和線下的服務，一加一大於二。

服務業最該做的事：關心員工

不過，在思考疫情期間如何多通路把服務溫度傳達給客人之前，業者還是得先照顧好員工。饗賓集團總監陳涵菁指出，在員工最不安、混亂的時候，給予心靈安撫，然後調度集團內的快篩劑、醫藥品和民生物資，在政府兵荒馬亂之際，先派物流車或由區域主管親送給員工救急。

饗賓照料的不只是平時為公司賣命的員工，還擴及員工的家人。例如有主管在花蓮確診住院，他父母也在台北確診，饗賓同時也送食材給他父母；另外有員工確診在家，無法外出採買，饗賓送過去的物資就不是給個人，而是一家所需，「之前員工幫我們照顧客人，現在輪到我們照顧他們，或替員工照顧家人，」陳涵菁感性地說。

照顧員工、強化員工對自家品牌的認同，絕對是疫情下企業維持競爭力的先決條件，尤其在大缺工潮的現在。畢竟第一線員工仍扮演服務 OMO 成功與否的關鍵角色，唯有他們心甘情願，才有辦法將服務溫度深刻地傳遞，深深地留在客人心中。

（選自天下雜誌 Web only．2022/05/11．文 王一芝）

服務 OMO 怎麼做？

1. 把握面對面時刻，創造客人難忘的服務體驗。
2. 透過科技蒐集個人客製化數據。
3. 善用眼神接觸、肢體語言和聲音語調，打破口罩藩籬。
4. 外帶外送是現場服務的延伸，從包裝到最後一哩都要有人味和溫度。
5. 透過社群互動和內容行銷，讓客人不要忘記你。

20

安撫情緒、傳遞好感的說話課

讓每一句話都能溫暖客人的聲音訓練

譽滿國際、被台灣餐飲業當作標竿的鼎泰豐，店裡最多的不是黃金十八摺小籠包，而是無所不在的細節。小從碟子裡的薑絲，大到擦玻璃的步驟，甚至連無形的員工微笑，龜毛的鼎泰豐現任掌門人楊紀華，都有辦法靠制訂SOP（標準作業流程）嚴格管控，但員工的表達能力和聲音，卻讓楊紀華傷透腦筋。

六年前，楊紀華察覺有些實習生在結業餐敘上，連自我介紹都講不好。他想起每天早上，總部和台灣十二家分店兩小時的視訊會議，好幾個員工說起話來不是吞吞吐吐，就是語調平淡，讓人聽不下去。為了教導員工說話，楊紀華曾經找來當時台北一〇一分店從世新口語傳播系畢業的員工，開設口語表達通識課，教員工說話，像自我介紹、避免贅字等。

曾在電視台任職的公關經理吳怡蓉接手後，除了拍攝宣導影片，也巡迴各店個別指導同仁朗讀的抑揚頓挫，建議他們錄下自己說話的聲音找出缺點。「不只外場員工，就連前、後廚的廚師也被要求參加，」鼎泰豐人資經理林梅英指出，以前不少廚師說話之前，都會脫口說出「啊」的發語詞，聽過自己錄的聲音，果真改掉壞習慣。

服務，本來就是和客人互動交流的過程，因此「開口和客人說話」絕對是外場人員不可或缺的必備技能。只不過，不必面對客人的鼎泰豐廚師，為什麼也要學說話？「不是只有面對客人，他們以後都會為人家長，到學校開家長會，要不要和老師溝通？」林梅英轉述楊紀華的話，「如果平時準備好，上台就能侃侃而談，孩子也會感到光榮。」然而，內部自訓顯然無法完全解決楊紀華的煩惱。

店在哪裡、人龍就在哪裡的鼎泰豐，在研發出「排隊叫號系統」之前，門口帶位人員為了讓聲音傳得更遠，不得不扯開喉嚨叫號，喊啞了嗓子。即使二〇一五年系統上線，鼎泰豐外場面對的客人是一般餐廳二、三倍，光是迎賓的「您好，裡面請！」一天至少喊上五千次，聲帶紅腫發炎、長繭的狀況時有所聞，讓楊紀華不勝其擾。後來，楊紀華找上國內聲音領域的專家魏世芬求助。

在美國主修「聲樂詮釋指導及鋼琴伴奏」的魏世芬，是台灣少數的聲音教練（Vocal coach）。她曾擔任多齣舞台劇和音樂劇的歌唱指導，也是賴雅妍、黃鶯鶯等藝人和政商企業家的聲音顧問，她想辦法把服務和聲音結合，為鼎泰豐進行員工聲音特訓。「楊先生上了兩小時聲音課，決定把員工的上課時間，從八小時延長到十小時，」魏世芬笑著說。

光二〇一七年，鼎泰豐就砸下上百萬開設十二梯次的聲音訓練課，讓兩百三十位員工參加，培訓出不少聲音種子講師。魏世芬究竟偷偷傳授鼎泰豐哪些祕訣？如何用聲音打動客人？

畫重點說好菜，為聲音化妝

在這個年代，單一平面的聲音已經不夠用了。因為每個人面對不同對象，就是扮演不同角色。每一個角色使用的聲音線條、用氣和聲調都不盡相同，像主管的聲音必須圓潤通達，而服務的聲音，就得讓人感覺甜美有精神。魏世芬就是教導鼎泰豐員工用音高、輕重和長短，為自己的聲音上妝。

以鼎泰豐員工最常扮演服務客人的角色為例，鼎泰豐不對客人喊「歡迎光臨」，而是「您好，裡面請！」，就是為了讓客人有回家的感覺。魏世芬建議，喊「您好，裡面請！」時，要同時把臉頰上提，讓靠近眼睛周圍的蝶竇腔和鼻腔產生共鳴，發出高音的音頻，聲音聽起來自然像響鈴般甜美。「句尾二、三個字上揚，聽者會有受邀請的感覺，稍微拉長的聲音，比較溫柔，也會讓人期待，」魏世芬解釋。

相對「您好，裡面請！」字尾線條上揚的明亮甜美，向客人致歉時的「對不起！」音調線條則必須往下，而且聲音得放輕，有誠意地說，才不會讓人感到輕浮、漫不經心。

在鼎泰豐，向客人介紹菜單也是服務人員的重頭戲。魏世芬教鼎泰豐員工畫重點說好菜，也就是把店裡與眾不同的特色，提高音調或加上節奏變化。比如「蝦仁炒飯」如果用輕快又明亮的語調念出「炒飯」，自然描繪出飯炒到粒粒分明的美味。又例如，「酸辣湯」念「辣」的速度如果又快又重，辣味就像在嘴裡炸開；「酸」味的力度比「辣」輕一些，但放慢講的話，彷彿感覺酸勁已鑽入身體每個細胞。

不能只顧著說，更重要的是「達」

說話分成傳、送、達三個層次。傳，指說話傳出去的音質悅耳；送，是送出去的聲音表情有吸引力；至於達，則是客人有沒有聽見你說的話。

面對客人說話，服務人員不能自己顧著說，那只做到傳和送，更重要的是，客人真的接收到了嗎？「稍微等待一秒，感受一下客人有沒有領到你要給他的東西，」魏世芬指出，如果客人沒收到或不需要，自己就得適度修正。

舉例來說，鼎泰豐送客的禮貌用語是「謝謝您，請慢走！」，魏世芬建議，「走」可以輕聲拉長，然後稍微停頓一下，看著客人離開，再把眼神收回來。「沒上聲音課前，只想把訊息丟給客人，根本不在意客人有沒有接收到，」七十六年次、進入鼎泰豐六年的蘇徐清，感受很深刻。

身為新生店種子講師的蘇徐清，把「傳送達」比喻為投籃，認為所有和客人的應對進退，都要特別留意，有沒有投進客人的籃框裡。「投籃前除了丈量距離，也要透過眼神和客人交流，透過真誠的態度讓客人感受到，我們已經接收到需求，或我們有心協助處理他的抱怨，」舉一反三的蘇徐清說，那是一種讓客人安心的舉動。

想會說話，先學會聆聽

鼎泰豐員工最為人所知的，就是擁有「聽音辨位」的神功，一聽到筷子掉落聲，就會直接拿筷子往聲音方向送去。但魏世芬認為這還不夠。與客人對話之前，還要先打開五官，覺察客人說話的速度、呼吸的氣息，了解他們的情緒狀態。

如果客人的聲音高漲，氣息從嘴巴衝出來，強烈感受到一個巨大能量隨時要從身體爆發反彈時，服務人員就要提前預防。舉例來說，如果店外等候的客人呼吸開始急促，又頻頻跺腳，代表他們等得不耐煩。又例如，如果聽到導遊焦躁張羅客人的聲音，可能就是上個行程延誤，又得趕下個行程。

這個時候，魏世芬建議，服務人員可以放慢自己的聲音，音調也低一點點，就像魔術師或馴獸師，讓客人暴戾的心情能平復下來，「用輕柔的聲音梳順客人身上張揚的毛，」魏世芬形容，那是用聲音把客人的情緒包起來，然後徹底卸掉。

稱自己很幸運，一進鼎泰豐就參與聲音課程的李宛儒說，「魏老師把我的耳朵徹底打開。」李宛儒回想，以前工作時太專注在服務當下，也許正為客人核對餐點，或為客人倒茶，眼裡只有那桌客人，容不下其他小事。

如今，看到客人等待她拿帆布置物架，不停地在包包裡翻找，或是焦躁地捲頭髮，說出的字詞也一再重覆，李宛儒知道，那是客人肚子餓的聲音。要是客人抬頭向她要薑絲的角度，只有平時的一半高，聲音也沒那麼輕快，她也能馬上意會，應是前一位服務人員還沒送上，所以再催一次，她除了重覆字句「好的好的，馬上來！」也會刻意加快腳步送上。

對外聆聽之外，魏世芬還要求鼎泰豐員工也聆聽自己的內在，包括身體的狀況、內在的感受，認真消化後，再選擇回應客人的方式，「如果肚子痛或前一晚睡不好，聲音會緊縮起來，容易讓客人產生不樂意服務的誤解。」

聲音需要眼神、肢體和微笑的配合

就算聲音表現得再熱情，要是眼神飄忽不定，不斷眨眼，眉毛一高一低，肢體僵硬，客人依然會感到不安和疑惑。服務業都被要求，跟客人說話時，要看著對方的眼睛，結果為了表示誠懇做過了頭，反而讓客人感覺咄咄逼人的壓迫感。

魏世芬建議，與其死瞪著客人，還不如偶爾看看他的眼睛，偶爾看著他的眉心或眼睛周圍，「客人會感覺你很尊重，而且有在注意他，但不會造成壓迫感，」除此之外，還要打開心胸去接納對方，眼神自然就會流露出那份誠意。她也提醒鼎泰豐員工，說話時要帶點微笑，嘴不用張太開，牙齒不用露太多，客人自然能感受到服務人員的邀請歡迎之意。

有趣的是，即使在無法碰面的情況下，必須透過電話與客人溝通，服務人員眼神和微笑的動作也得做足，聲音才能完美傳遞出去。就像日本服務最好的帝國飯店，每位電話客服中心人員的桌上都擺著一面鏡子，提醒自己微笑，才能發出甜美的聲音，魏世芬也一再向鼎泰豐員工強調，「接電話時如果臉頰沒有上提，眼神不專注，聲音就會讓客人感覺不積極。」

隨時維持聲音最佳狀態

照顧鼎泰豐員工的聲音，是楊紀華賦予魏世芬最重要的任務。魏世芬找出員工聲音容易沙啞或破嗓的原因，主要是不當使用，以及姿勢不正確。

除了花大量時間矯正鼎泰豐員工的姿勢，教導正確使用聲帶的方法，魏世芬也開了好幾帖日常保養的聲音藥單給他們。像是每隔五十分鐘至一個小時，就要補充水分、有痰不要用力咳，用溫水舒緩、保持睡眠充足等等。

魏世芬更鼓勵鼎泰豐員工找出影響自己聲帶運作的食物。比如說，有些人吃甜食或炸物會生痰，或是吃麻油、花生醬會上火，導致喉嚨不自覺緊繃，發不出聲音，「找出自己的地雷，才能避免讓聲帶有過多負擔。」楊紀華也要求各店，每天開店前的朝會，覆誦十一大禮貌用語前，必須確實做好發聲練習。

大學念音樂系，主修聲樂的蘇徐清，就是新生店負責帶領組員發聲練習的靈魂人物。他舉例，五分鐘的發聲練習，包括像獅子張開大口般開闔，鬆開上下顎周圍的肌肉；或者像聖誕老公公一樣，吸足氣後連續發出幾聲「ho ho ho」的聲音，練習換氣；不然就是靠著牆壁站，讓脖子回到正位，和脊椎呈一條線，再加上後肩頸延伸肌肉放鬆的動作等等。

「講話前確實做好暖身，隨時注意姿勢、脖子角度都正確，不要用喉嚨、而是練習從丹田發聲，」魏世芬道出讓聲音維持在最佳狀態的關鍵。

（選自天下雜誌 Web only，2021/02/17，文王一芝）

捧起自己的聲音，
傳送給每一個經過我們的人。

——聲音教練 魏世芬

21

創造價值，設計美好體驗的新服務

貼心而不近身的沉浸式款待

這些年新零售、新餐飲或新消費喊得震天價響，無人商店、無人機、雲端或虛擬廚房讓人摸不著頭緒，那麼，自詡生活大國的台灣，能否有機會發展出「新服務」呢？以文創設計起家、轉往旅宿業發展的 The One（異數宣言）團隊，疫後試圖在被北部人稱為世外桃源的新竹南園人文客棧，重新定義並展演了一套「貼心而不近身」的新服務。

十三年來，接受《聯合報》委託的 The One 團隊，透過在地文化與管家服務的結合，把由《聯合報》創辦人王惕吾邀請已故建築大師漢寶德所打造的華人世界最大山中園林，從住宿價格七千元拉高到一萬六千元，躋身全台前五高價旅館。疫情前年營收近一億，還跨海輸出到北京什剎海、西安華清池。

難能可貴的是，走遍世界、住過上百家旅店的The One執行長劉邦初帶領團隊進駐後，嘗試在充滿文氣的南園，建立一套東方人文的服務系統，就像十三年前，晶華酒店董事長潘思亮買下麗晶（Regent）全球經營權，心中最大的想望，就是制定華人自己經營旅館和培養人才的模式。

拒絕SOP，像媽媽般的「款待」

「我從小被逼著背詩詞，為何不從東方文化找線索，那是我們的日常，」劉邦初不愛鞠躬幾度、露幾顆牙的西方SOP，也不習慣卑躬屈膝的日本女將，卻想起媽媽招待友人的熱情，「東方文化的極致就是款待，款待必須自然而然。」

二〇二〇年劉邦初因應疫情，推動三天兩夜或四天三夜的住宿方案，期待南園發展成國際級定點度假旅宿。二〇二一年五月本土疫情爆發後自主休園的八十天，劉邦初更領著團隊重新思考客人想要的服務，開發出疫後新模組，提倡「兩整日的幸福」。（編按：南園疫後六大服務模組包括迎賓接待、廂房茶席與離塵洗塵、園林導覽、一曲一菜、夜遊風檐、早餐服務。）

為落實兩整日的幸福，八月後入住南園的客人，早上九點就能入園，隔天南園也會款待免費午餐，還能在湖畔體驗三款搭配不同甜點的咖啡旅程。所謂東方人文管家的「貼心而不近身」，是透過過程中觀察並預測客人的下一步需求，在客人開口前主動提供。「把款待做到極致之餘，不能忘記將空間留給客人歇心，」劉邦初定義。

The One團隊這套疫後新服務，頗受客人好評。八月疫後復出以來，南園幾乎天天客滿，光三天兩夜的住客比例就超過一半，熟客回流率更高達三成，僅次於礁溪老爺。《天下雜誌》深入採訪想法有別於傳統旅館業的劉邦初，暢談他在新竹丘壑間展演疫後新服務的改變。

放慢語速的沉浸式接待

疫後The One管家接待客人最重要的任務，就是放緩語速，讓客人跟著慢下來。

「心靈沉澱下來，才能徹底放鬆，接收到我們想傳遞的款待心意，」The One 南園人文客棧營運總監王知宇稱之為「沉浸式接待」。

一般人踏進門前的幽靜竹林和碎石小徑，心也跟著有了空間，要是客人仍急著衝向前，王知宇會故意停下來介紹建築、植物或光影，設法將客人拉回來，不到三分鐘能走完的小徑，他可以領著客人走十幾分鐘。

不同於過去登記入住後，向客人解說詳細行程，疫後管家不再提供那麼多行程資訊，把入住手續簡化到只剩借證件和調查餐食習慣。「客人可能因疫情重新思考人生，我們不希望為他們安排太多行程，」王知宇說，行程介紹就放置在客房茶几上，客人需要的話，也能自行翻閱、參與。

南園客人有百分之八十七來自北部，對他們來說，離開台北是「離塵」，體貼客人舟車勞頓的辛勞，劉邦初疫後要求管家幫遠道而來的客人「洗塵」。客人進房前，管家會先在直徑一百五十公分的大浴缸放六分滿熱水，再倒入八種藥材調製的茶湯，讓客人在氤氳的熱氣及遠處九重山的陪伴下，卸下一身的疲憊和壓力，浴後再暢飲一杯西班牙鹽味氣泡水，惱人的暑氣全消。

從專業管家到一人分飾多角

進入二十七公頃、只奢侈規劃二十間的南園廂房，茶几上擺的不是飯店行之有年的迎賓水果盤，而是在地東方美人冷泡茶，搭配點綴檸檬海鹽茶凍的茶席。迷你吧的罐裝果汁、汽水及零食，也被台北百年老店「和生御品」特製的窗花綠豆糕，以及柴燒仙草茶、芳香萬壽菊水取代。

其中東方美人冷泡茶和芳香萬壽菊水，都是管家們前一晚親手泡製。尤其芳香萬壽菊水，是他們從園區一朵朵摘取洗淨，再泡製成菊花水；而柴燒仙草茶雖由廠商熬製，劉邦初堅持由管家們逐一裝瓶。

連客人剛抵達南園，或傍晚客人遊園結束，管家遞上的濕毛巾，也沒有坊間那種精油人工味，撲鼻而來的，是淡淡的野薑花香氣。這也是管家親自到園區野薑花田摘採，和濕毛巾一起悶製而成。

「管家親手泡製飲料的同時，也開始準備款待客人的心意，」王知宇期待客人喝到東方美人茶、芳香萬壽菊水，能感受到為迎接他們的到來，管家們做足了準備。這就是劉邦初培養東方人文管家的獨特方法，在製作過程引發他們用手思考，面對客人時則用心服務。

目前南園由三十多位管家服務二十間廂房，比例約為一．五比一，還算行有餘力。除了王知宇及其他幾位總部調派的主管，其他管家多半是擁有五、六年資歷的新竹在地人。

當初為了讓這些在地人的服務，快速跟上住遍國內外高檔飯店的客人期待，劉邦初在內部開設「感質學院」，親自講授包括品牌、款待服務、本質學能等八十個學分。他還把從總部財務主管轉任現場營運的王知宇，送到奢華酒店安縵京都（Aman Kyoto）度假村學服務，今年初又大手筆送八個管家到谷關虹夕諾雅見學。「所有管家的服務做到一致，就是最好的服務，」劉邦初始終記得前衣蝶百貨總經理中野善壽對他的期許。

為了拉齊管家的服務水準，劉邦初要求本來堅守自己崗位的管家，疫後開始輪調其他五個站，成為至少擅長三種技能的「大管家」。舉例來說，早班管家服務完早餐，先送客人離開南園，再到房務部整理廂房，接著回櫃台迎接下一批客人入住。就像日本星野集團旗下旅館最為人所知的「一人分飾多角」，顛覆一般飯店的分工。

南園六個站的資深站長，除了看守最擅長的站，教會這些跨領域管家，自己每天也要跨一個站學習。王知宇表示，The One 管家的培養有三階段，首先是對職能的認知，第二階段是明白為什麼這麼做，最後階段則是自己再深化，「管家培訓快不起來，但大部分管家都已處於第三階段，」他觀察。

放眼 The One 的三十多個管家，自信是他們共同特色，他們把自己當成 The One 品牌與客人的媒介，總主動與客人交流，發掘需求。例如之前有對老夫婦入住南園，不經意向管家問起第四台頻道，似乎欲言又止，管家深入了解後得知，台北和新竹第四台頻道不同，他們無法收看晚上日劇最後一集。管家 Ariel 二話不說，騎車下山租借那集 DVD，並在九點送進老夫妻廂房為他們播放。這對老夫婦很開心，多次回訪送巧克力給管家，還想介紹兒子認識她。

王知宇的終極目標是，同一位管家全程陪伴客人，南園已培養出五位專屬管家，服務美國運通黑卡客人，他也期待其他管家扮演微專屬管家的角色。「南園管家服務還不錯，」美國運通旅遊暨生活休閒服務部副總裁吳伯良轉述黑卡會員反應，「感覺想學虹夕諾雅，希望客人照他們的規則玩，如果能彈性一點會更好。」

精挑好物，退房後繼續服務

劉邦初的多年好友，老爺酒店集團執行長沈方正觀察，休閒度假旅館的外來客少，餐飲生意不好做，The One 團隊幾年前決定提升最困難的餐飲，加上絕無僅有的自然環境，未來很有競爭力。

沈方正也不諱言，即便如此，如果南園想維持好服務，經濟規模仍是挑戰。創業前在台達電工作的劉邦初很清楚，台達電能成為世界第一的交換式電源供應器廠商，供應商全力支援是關鍵。當年台達電跨海到東莞設廠，有八十幾家供應商跟著過去。「我能不能用 The One 系統，經營生活產業共好生態圈？」劉邦初不斷自忖。

相對於台灣人到日本溫泉飯店使盡全力採買紀念品，在國內休閒飯店顯得收斂許多，「不是不想買，而是沒好貨可買。日本旅館收入有一成來自商品銷售，加賀屋光商店街收入，一年達上億台幣，」沈方正轉述日本加賀屋總經理說法。

事實上，為了符合熟齡客人對住宿價位的期待，The One 團隊極盡所能挑在地好貨給客人使用，「他們用了喜歡想買回去，就不只付我住宿費，還能拉供應商一把。」這考驗的是，管家如何把 The One 團隊用心找來的食材和好物，透過設計過的美好體驗，分享給南園住客。

餐桌無疑是食材的最佳展演空間。二〇二〇年南園因疫情調整住宿內容，三天兩夜住客需要不同於以往的早餐。The One 團隊分頭到台灣各角落發掘的食材，讓客人愛吃到乾脆掃一箱回台北。「很多客人打電話來說，高雄岡山的豆腐乳吃完了，可不可以再幫我寄十二罐？」劉邦初笑著說，這不就是訂閱制。即使客人不能天天來南園，也能持續下訂單。

疫後新增的服務模組，也讓在地好物被充分體驗。結束晚餐，管家會領著客人夜遊日本建築大師隈研吾設計的風檐地景，手上提的書燈要價八千元，一賣就上千個；再晚一點，黑膠音樂會裡管家一邊帶領聆聽，一邊品評的地瓜酒，也是客人爭搶入手的伴手禮。

「如果只經營旅宿，南園根本活不下去，光養護費每年就上千萬，」劉邦初試圖證明，即使只有二十間客房，也能靠風土創價養活團隊。

免費午餐，讓客人不想走

一般飯店都是中午十二點前退房，劉邦初疫後反其道而行，下午一點再請住客吃一碗用鷹嘴豆製作的馬賽海鮮米粉湯。

「我的邏輯很簡單，做服務業不要怕客人吃，」劉邦初說，客人十點用完早餐，到結合江南和閩式的園林走走，如果願意留下來，The One 團隊想再煮碗米粉招待他們，甚至喝杯咖啡，達成兩整日的幸福。

The One 團隊統計，十月南園住客隔天留下吃午餐的比率高達八五%，導致十二點從園區出發前往高鐵的接駁車空蕩蕩，下午四點的接駁車卻滿座。大多數旅宿業者都想快快送走前一批客人，才能從容迎接下一批客人，「我不一樣，我希望下一批客人來的時候，發現前一批客人不想走，」劉邦初露出調皮的神情。

當客人開車離開日式溫泉飯店，服務人員會對著逐漸遠去的客人，不停揮手送行，直到客人的車子消失在視線內，再深深地鞠躬致意，但 The One 不來這套，只派一、兩位管家代表團隊向客人致謝。

貼心而不近身的問候

他們更在乎，估算客人回到家的時間，由管家打通平安電話，關心客人到家沒，通常接到電話的客人都會又驚又喜，「這也是貼心不近身的表現，不會跟客人回家，」劉邦初開玩笑說。

這靈感源自劉邦初從小到大的個性和作為。小時候一群人出去玩，劉邦初很愛雞婆送每個女同學回家，現在要是晚上同事一起聚餐，女同事間也會互相提醒，到家傳簡訊給劉邦初，否則他會擔心到睡不著。

The One團隊從客人離開後的到家電話，往前延伸至客人入住三天前的提醒電話，提醒客人入住當天的天氣、路況等，「不是見到客人才服務，從接到訂房電話就該展開，」劉邦初提醒。

不過，劉邦初嚴禁管家打平安或提醒電話時進行商業推廣。對劉邦初來說，管家最厲害的本事，莫過於客人來到南園，喜愛The One團隊安排的體驗，主動向管家開口加購，「那才叫厲害，因為顧客滿意。」

不可否認，劉邦初領著 The One 團隊在南園提供的服務，並非傳統旅宿業所願意投入，「成本很高，但我要的是創價，」他坦言，如果不這麼做，台灣服務業可能沒有未來。

多數服務業只求提供物有所值的服務，但劉邦初要求管家與客人交心，讓客人把心留在九重山，任何時間一想到，就想來住南園。坐在劉邦初最愛的「南亭」遠眺九重山，安靜中彷若有光，The One 團隊的疫後新嘗試，似乎也給了黑夜初醒的台灣服務業一線光亮。

（選自天下雜誌 Web only・2021/11/17・文 王一芝）

貼近生活況味、
自然而然的款待。

——The One 執行長 劉邦初

22

真人線上服務，櫃姐如何隔空傳遞真心？

聽出隱藏訊息，給顧客超出預期的購物提案

「雖然疫情下無法出門，卻像是真的在百貨公司裡逛街一樣，真好！」一名日本消費者口中，不用出門卻能開心購物的原因，不是來自線上商店或VR虛擬實境，而是透過文字或視訊，向百貨公司裡的「真人」櫃姐購物。

這是日本百貨龍頭三越伊勢丹控股公司，二〇二〇年十一月推出的「Remote Shopping 遠距一對一購物」app服務（編按：三越伊勢丹的遠距購物服務，目前僅提供日文版，app使用區域限日本國內）。起初只在伊勢丹新宿店試行，結果大受好

評，二〇二一年二月起擴大在銀座三越、日本橋三越等東京四大據點實施，半年多來使用者飆升十五倍，創下客單價達實體店面兩倍的佳績。

透過簡訊或視訊和消費者互動，並不新奇，三越伊勢丹的服務有何特殊之處？「這項服務，讓三越伊勢丹非常重視的人員素質，也就是待客服務，也能應用在線上購物，」三越伊勢丹數位服務運營部負責 app 營運的吉見將彥，接受《天下雜誌》越洋採訪時解釋。

把「待客之道」搬到線上購物

以全日本百貨業績龍頭的伊勢丹新宿店為例，負責女裝部門銷售管理的宮本愛子帶領了三十人團隊，成員都是擁有體型分析、個人色彩搭配等認證的專業造型師。他們平時提供需要收費的專業諮詢，「遠距一對一購物」上線後，每天輪流由五位成員上線，進行一對一服務。

消費者只要事先告知購物內容、目的以及預算，服務人員就會跨專櫃、跨樓層，挑選出符合消費者需求的商品。如果文字訊息還不足以溝通，則可預約三十分鐘或一小時的視訊服務。例如，客人想找件搭配洋裝的西裝外套，服務人員先參考客人提供的洋裝照片，視訊討論時，直接打開客人衣櫥參觀，充分了解穿搭偏好後，就能推薦出最適合的外套。

不僅女裝，從男裝到生活用品等，也有專人諮詢服務。例如一個紅酒禮盒的需求，服務人員從廚房用品賣場，一路找到地下樓層的食品賣場，搭配出內含高腳杯、紅酒和點心的客製化禮盒，還能依照消費者的喜好進行禮盒包裝。

這項服務，涵蓋東京四店的兩百四十萬件商品、兩千四百個品牌，至今已有約六千次線上服務紀錄，顧客購買率約四成，其中高達九成是透過文字溝通就決定下單，視訊佔比約一成。而購買的目的，除了自用，將近一半是為了送禮。

這樣介於「線上」與「實體」之間的「真人客服」，看來耗費人力、時間，卻為消費者和百貨業者各自面臨的難處，悄悄釋出解方。

對消費者來說，僅管身處「萬物皆可上網買」的時代，但網路上暴量訊息，常令人逛得疲累，或是總有爬文也無法解惑的疑慮。但透過真人線上服務，消費者的不安和疑問，都能獲得解答。「許多客人其實已經打算要買，但就是有些猶豫。透過遠距購物服務，可以協助客人確認更多細節，讓他放心買下來，」吉見將彥解釋。

對於面臨電商和疫情夾殺，造成業績停滯、甚至下滑的百貨業者而言，這項服務也點出目前百貨業者三大課題。

突破電商和疫情雙夾殺

首先是線上大戰。百貨業者正卯足全力衝刺線上購物，三越伊勢丹也不例外。但百貨商品數量動輒數十萬件，商品拍照上架緩慢費時，造成線上商品乏善可陳，一直是百貨業者共同面臨的困境。

遠距購物服務正好解決這個難題。吉見將彥指出，不論是限量新品，或是 IG 上的穿搭，不用等到線上商店上架，消費者只要從 app 連上服務人員，就能直接確認商品材質等細節，不需出門就能快速、安心地下單。

「百貨公司裡幾乎所有產品，都可以透過 app，遠端購入，」吉見將彥指出，不論是增加商品廣度、加快效率，及減輕後台人員負擔，「真人服務」都有所貢獻。

第二，開拓新客源。目前日本百貨業面臨核心客層年齡上升，年輕人不愛逛實體百貨，客群流失的問題，但「遠距一對一服務」打破區域限制，提供消費者一個新管道，去接觸自己鍾愛的品牌，因此吸引了一批住在外縣市，不曾親臨三越伊勢丹東京實體店面的新客群。根據統計，透過 app 下單的顧客，高達一半來自外縣市。

在實體店面和線上商店只佔個位數比例的二十歲世代，也在遠距購物 app 中意外攀升，佔比超過一成；接受「真人服務」的主力客群落在四十歲世代，也比實體店面的五十歲核心客群更為年輕。

第三，鞏固熟客，甚至 VIP 客層。遠距購物從詢問、確認、結帳，到出貨追蹤，都能在同一個 app 完成，避免麻煩的付款方式，造成消費者半路放棄。出貨之後，也能藉文字往返，得知客人的滿意度，顧客可能會有的定期送禮或購物需求，也留下紀錄，明年同一時間，服務人員又能再主動向消費者提案。「一次的緣分，可能吸引客人下一次親臨賣場，或建立更多為客人服務的機會，」吉見將彥說明。

遠端服務的關鍵能力

只是，有了 app，就保證能與消費者再續前緣嗎？若忽略了客戶滿意度，數位工具淪為塞廣告、促銷宣傳的手段，未必能獲得消費者青睞。負責全日本「百貨店王」伊勢丹新宿店二至四樓女裝銷售，有十三年資歷的宮本愛子，向《天下雜誌》透露，遠端服務須具備的三大關鍵能力。

一、察覺顧客問話背後隱藏的訊息。「不是客人要什麼、就給什麼，一定要有更多提案，」宮本愛子舉例，有消費者想送衣服給迎接「古稀」七十大壽的家人，由於日本七十大壽代表色是紫色，因此服務人除了推薦客人衣服選項，一定還會提供同為紫色的絲巾、胸針等多樣商品，供消費者參考。

另外，線上對話的優點在於，可以事前獲得豐富的客戶資訊，例如身高體重、顏色偏好、穿衣風格等，有助更快找出顧客最合適的服飾。但在一般實體店面，若沒有足夠程度的交談，很難一眼判斷客戶的偏好。

二、腦中隨時更新儲存商品資料庫。實體商店提供試穿，專櫃人員多幾句讚美「好適合你」，就可能打動消費者。但透過螢幕的隔空服務，銷售人員需要更豐富的商品知識，想像顧客的使用情境，才能找出真正適合的商品。

宮本愛子每天站在百貨賣場，把三個樓層陳列的女裝商品，隨時更新存入腦袋裡的資料庫，團隊成員也經常參加品牌商舉辦的研習會，補充流行資訊，才能快速在樓層裡找出推薦商品。

宮本愛子對女裝的熟悉程度，曾被日本媒體形容為「連五號以下到十三號以上的特殊尺寸女裝如何穿搭，也一清二楚。」

三、用消費者能理解的方式說明。除了氣味特性，難以隔空傳達給消費者，有關材質，重量等商品資訊，都必須盡量用消費者可以理解的方式來仔細說明。連線場地的照明、背景，也需要特別設定，避免產生影像或色澤誤差。宮本愛子舉例，不論是找身材相仿的店員試穿示範，或實際穿起來走動，呈現材質的重量感、飄動感，或是靠近鏡頭適度搖晃商品來表現色澤，都能協助消費者更完整了解商品。

這項講究細心待客的服務，卻令人意外地沒有制式 SOP、沒有銷售話術祕笈和數字目標。「與其立下一個數字框架，app 更大的意義在於，在實體店的服務之外，多一個可以接觸消費者的機會，」吉見將彥強調。

（選自天下雜誌 Web only．2021/06/30．文 施逸筠）

不管是在實體店面或網路上，
都要依據每一個消費者的需求和心情，
提供符合他們的服務，只要記住這件事，
就算是透過螢幕，消費者一樣能感受到你的用心。

——三越伊勢丹女裝銷售王牌 宮本愛子

天下財經 485

剛剛好的款待

米其林服務心法 × 數位場景行銷 × 沉浸式體驗，
在線上線下持續創造價值的服務一點訣

作　　者／王一芝、施逸筠、楊孟軒、羅璿、鄭景雯
責任編輯／何靜芬
封面、版型設計／ FE 設計
內頁排版／中原造像股份有限公司

天下雜誌群創辦人／殷允芃
天下雜誌董事長／吳迎春
出版部總編輯／吳韻儀
出 版 者／天下雜誌股份有限公司
地　　址／台北市 104 南京東路二段 139 號 11 樓
讀者服務／（02）2662-0332　傳真／(02）2662-6048
天下雜誌 GROUP 網址／ www.cw.com.tw
劃撥帳號／ 01895001 天下雜誌股份有限公司
法律顧問／台英國際商務法律事務所・羅明通律師
製版印刷／中原造像股份有限公司
總 經 銷／大和圖書有限公司　電話／（02）8990-2588
出版日期／ 2023 年 2 月 1 日第一版第一次印行
　　　　　2023 年 3 月 15 日第一版第三次印行
定　　價／ 380 元

書號：BCCF0485P
ISBN：978-986-398-855-7

直營門市書香花園　地址／台北市建國北路二段 6 巷 11 號　電話／（02）2506-1635
天下網路書店　shop.cwbook.com.tw
天下雜誌我讀網　books.cw.com.tw/
天下讀者俱樂部 Facebook　www.facebook.com/cwbookclub

剛剛好的款待 / 王一芝 , 施逸筠 , 楊孟軒 , 羅璿 , 鄭景雯著 . --
第一版 . -- 臺北市 : 天下雜誌股份有限公司 , 2023.02
240 面 ; 14.8×21 公分 . -- (天下財經 ; 485)
ISBN 978-986-398-855-7(平裝)

1.CST: 服務業 2.CST: 服務業管理 3.CST: 顧客關係管理

489.1　　　　　111021250

天下雜誌

觀念領先